工业和信息化
人才培养规划教材

Industry And Information
Technology Training
Planning Materials

职 业 教 育 系 列

网络设备
安装与调试技术

Network Equipment Installation
and Debugging Technology

杜国标 刘小龙 ◎ 主编

曹融 冯国华 ◎ 副主编

汪双顶 ◎ 技术主审

人民邮电出版社

北 京

图书在版编目（CIP）数据

网络设备安装与调试技术 / 杜国标，刘小龙主编
. -- 北京 ：人民邮电出版社，2014.11（2023.8重印）
工业和信息化人才培养规划教材. 职业教育系列
ISBN 978-7-115-35955-1

Ⅰ.①网… Ⅱ.①杜… ②刘… Ⅲ.①计算机网络—
通信设备—设备安装—高等职业教育—教材②计算机网络
—通信设备—调试方法—高等职业教育—教材 Ⅳ.
①TN915.05

中国版本图书馆CIP数据核字（2014）第200507号

内 容 提 要

本书详细介绍了企业网的组建和安装过程。全书由 24 个单元模块（任务）组成，涉及局域网组建
过程中使用到的重要组网设备以及应用在设备上的关键技术等，如虚拟局域网技术、干道技术、生成
树技术、链路聚合技术、静态路由技术、动态路由技术、地址转换技术、广域网接入安全认证技术、
交换机端口安全、访问控制列表技术、防火墙技术、WLAN 技术等。读者通过全部或者部分技术的学
习，基本上可以掌握局域网组建过程中常用设备的安装、配置和调试技术。

本书可作为职业院校计算机网络技术及其相关专业的核心教材，也可作为计算机网络管理员、网
络工程师等相关技术人员的参考书。

◆ 主　编　杜国标　刘小龙

副 主 编　曹　融　冯国华

技术主审　汪双顶

责任编辑　桑　珊

责任印制　杨林杰

◆ 人民邮电出版社出版发行　北京市丰台区成寿寺路 11 号

邮编　100164　电子邮件　315@ptpress.com.cn

网址　http://www.ptpress.com.cn

北京七彩京通数码快印有限公司印刷

◆ 开本：787×1092　1/16

印张：13　　　　　2014 年 11 月第 1 版

字数：336 千字　　2023 年 8 月北京第 12 次印刷

定价：32.00 元

读者服务热线：(010) 81055256　印装质量热线：(010) 81055316
反盗版热线：(010) 81055315

前言 PREFACE

交换机、路由器、安全设备和无线设备是最常见也是最常用的网络互联设备。在企业网络组建的过程中，使用交换机实现网络中的计算机互联，组建本地局域网络；使用路由器实现网络互联，构建互联互通的园区网络；使用网络安全设备保障网络安全，构建安全的企业网络。没有这些构建网络的互联设备，计算机之间就无法通信，更不能保障网络的安全。因此，网络管理员及网络工程师，熟练掌握网络互联设备的安装和调试技术，具有非常重要的意义。

为了将产学结合、校企合作的模式真正引入职业教育的教育、教学改革工作之中，我们联合行业知名技术专家与相关职业院校的一线骨干教师教学团队，合作开发了这本工学结合网络互联设备的安装和调试教材。

与其他网络互联设备的安装和调试教材不同，本书从一个全新的角度，深入、全面、细致地介绍了交换机、路由器和防火墙的原理、参数、接口、连接、配置、管理、监控、故障等诸多方面的内容，涵盖了从网络搭建、设备配置，到状态监控、故障诊断的所有重要网络设备配置技术，是一本专门为中小型网络管理员量身打造的网络互联设备的安装和调试教程，以便帮助学生向专业的网络管理员过渡。

本书以真实的网络工程项目为背景，基于任务驱动、项目导向的"工学结合"教学模式编写而成。网络互联设备的安装和调试任务都来源于企业工程项目，为方便教学进行了适当调整，使工程项目更具有典型性、实用性和综合性。本书每个部分都按照"项目导引"→"项目分析"→"技术准备"→"项目实施"→"技术拓展"→"强化练习"这几个环节模块展开，内容涵盖了初、中级路由、交换以及安全设备的全部内容，读者能够通过本书中项目的实施，完成网络设备安装与调试相关知识的学习与技能训练。

本书以某中小企业网络建设项目作为教学项目依托，根据教学规律和实际教学需要，对项目进行优化，最终形成了现在的教学项目。为帮助读者了解技术的实际应用环境，本书在每项技术单元的阐述之前，都首先描述了本单元应用到的技术发生的实际场景以及需要实施的任务，然后再分析任务，解析任务需要使用到的相关技术，最后介绍如何部署和配置这些技术，并给出了相应的配置案例。建议在实施过程中以理论与实践相结合的方式进行讲授，需注重培养学生的实践操作能力。

本书为院校与星网锐捷网络有限公司联合开发，走校企合作开发的道路，希望实现专业对接行业、课程对接岗位的教学效果。

本书由杜国标、刘小龙任主编，曹融、冯国华任副主编，汪双顶任技术主审。

由于编者水平有限，书中难免存在不妥之处，请读者谅解并提出宝贵意见，十分感谢。

编者

2014 年 8 月

目 录 CONTENTS

任务 1　安装交换机设备上架　1

一、任务描述　1

二、任务分析　1

三、知识准备　1

　　1.1　安全性建议　1

　　1.2　安装场地的要求　2

四、任务实施　4

　　1.3　综合实训：安装交换机，实施设备上架　4

知识拓展　6

认证测试　6

任务 2　配置交换机，优化办公网　8

一、任务描述　8

二、任务分析　8

三、知识准备　8

　　2.1　认识交换机设备　8

　　2.2　交换机访问方式　9

　　2.3　通过带外方式管理交换机　10

　　2.4　配置管理交换机工作模式　11

四、任务实施　12

　　2.5　综合实训：配置交换机，优化办公网　12

知识拓展　14

认证测试　14

任务 3　配置虚拟局域网技术　16

一、任务描述　16

二、任务分析　16

三、知识准备　16

　　3.1　什么是虚拟局域网　16

　　3.2　虚拟局域网功能　17

　　3.3　基于端口划分虚拟局域网　18

　　3.4　配置虚拟局域网　18

四、任务实施　20

　　3.5　综合实训：配置虚拟局域网　20

知识拓展　22

认证测试　22

任务 4　配置虚拟局域网干道技术　24

一、任务描述　24

二、任务分析　24

三、知识准备　24

　　4.1　什么是交换机 Access 端口　24

　　4.2　交换机 Access 端口特征　24

　　4.3　什么是交换机 Trunk 端口　25

　　4.4　IEEE802.1Q 干道（Trunk）协议　26

四、任务实施　28

　　4.5　综合实训：配置虚拟局域网干道技术　28

知识拓展　30

认证测试　30

任务 5　配置生成树技术，保障网络的稳定性　32

一、任务描述　32
二、任务分析　32
三、知识准备　32
　5.1　骨干网络的冗余链路　32
　5.2　什么是生成树协议　33
　5.3　STP 生成树协议　33
　5.4　RSTP 快速生成树协议　34

　5.5　配置生成树协议　35
四、任务实施　36
　5.6　综合实训：配置生成树技术，保障网络的稳定性　36
知识拓展　37
认证测试　37

任务 6　配置多生成树技术，增强网络的健壮性　39

一、任务描述　39
二、任务分析　39
三、知识准备　39
　6.1　生成树的发展历史　39
　6.2　快速生成树的缺点　40
　6.3　什么是多生成树　41
　6.4　多生成树的优点　41

　6.5　多生成树关键技术　41
　6.6　配置多生成树技术　43
四、任务实施　44
　6.7　综合实训：配置多生成树技术，增强网络的健壮性　44
知识拓展　47
认证测试　47

任务 7　配置链路聚合技术，提高骨干网络带宽　48

一、任务描述　48
二、任务分析　48
三、知识准备　48
　7.1　骨干网络的链路聚合技术　48
　7.2　IEEE 802.3ad 技术介绍　48
　7.3　IEEE 802.3ad 技术优点　49

　7.4　配置链路聚合技术　49
四、任务实施　51
　7.5　综合实训：配置链路聚合技术，提高骨干网络带宽　51
知识拓展　52
认证测试　52

任务 8　配置三层交换机，实现不同 VLAN 安全通信　54

一、任务描述　54
二、任务分析　54
三、知识准备　54
　8.1　二层交换技术　54
　8.2　三层交换技术　55
　8.3　三层交换工作原理　55
　8.4　认识三层交换机　56

　8.5　配置三层交换机　57
四、任务实施　58
　8.6　综合实训：配置三层交换机，实现不同 VLAN 安全通信　58
知识拓展　61
认证测试　61

项目9　配置三层交换机，实现不同子网通信　62

一、任务描述　62
二、任务分析　62
三、知识准备　62
  9.1　认识三层交换机设备　62
  9.2　三层子网技术　63
  9.3　划分三层子网方法　63

  9.4　配置三层交换机路由功能　64
四、任务实施　65
  9.5　综合实训：配置三层交换机，
    实现不同子网通信　65
知识拓展　67
认证测试　68

任务10　配置路由器，实现不同网络通信　69

一、任务描述　69
二、任务分析　69
三、知识准备　69
  10.1　认识路由器设备　69
  10.2　路由器设备组成　70
  10.3　认识路由器丰富接口类型　71
  10.4　配置路由器方式　73

  10.5　配置路由器常用命令　74
四、任务实施　76
  10.6　综合实训：配置路由器，
    实现不同网络通信　76
知识拓展　77
认证测试　77

任务11　配置静态路由，实现非直连子网之间通信　79

一、任务描述　79
二、任务分析　79
三、知识准备　79
  11.1　什么是路由　79
  11.2　路由工作原理　80
  11.3　认识路由表　80
  11.4　路由分类　81
  11.5　静态路由技术　81

  11.6　配置静态路由技术　82
  11.7　配置默认路由技术　82
四、任务实施　83
  11.8　综合实训：配置静态路由，
    实现非直连子网之间通信　83
知识拓展　86
认证测试　86

任务12　配置RIP动态路由，实现非直连网络之间通信　88

一、任务描述　88
二、任务分析　88
三、知识准备　88
  12.1　什么是动态路由　88
  12.2　什么是RIP动态路由　89
  12.3　RIP动态路由学习过程　89
  12.4　RIP路由更新　90

  12.5　RIP路由协议版本　90
  12.6　配置RIP路由协议　90
四、任务实施　91
  12.7　综合实训：配置RIP动态路由，
    实现非直连子网通信　91
知识拓展　94
认证测试　94

任务 13　配置 OSPF 动态路由，实现非连子网通信　95

一、任务描述　95
二、任务分析　95
三、知识准备　95
　　13.1　什么是 OSPF 动态路由协议　95
　　13.2　OSPF 动态路由协议特征　96
　　13.3　OSPF 路由区域　96
　　13.4　配置 OSPF 路由　97
四、任务实施　98
　　13.5　综合实训：配置 OSPF 动态路由，实现非直连子网通信　98
知识拓展　100
认证测试　100

任务 14　配置动态地址转换技术，实现校园网接入互联网　102

一、任务描述　102
二、任务分析　102
三、知识准备　102
　　14.1　NAT 技术概述　102
　　14.2　私有地址概述　103
　　14.3　NAT 技术工作过程　103
　　14.4　NAT 技术分类　104
　　14.5　配置路由器 NAT 技术　105
四、任务实施　105
　　14.6　综合实训：配置动态地址转换技术，实现校园网接入互联网　105
知识拓展　107
认证测试　107

任务 15　配置 NAPT 技术，实现中小企业网络接入互联网　108

一、任务描述　108
二、任务分析　108
三、知识准备　108
　　15.1　NAPT 地址转换技术概述　108
　　15.2　什么是 NAPT 地址转换技术　108
　　15.3　NAPT 地址转换技术原理　109
　　15.4　端口 NAPT 转换过程　109
　　15.5　配置 NAPT 地址转换技术　110
四、任务实施　112
　　15.6　综合实训：配置 NAPT 技术，实现中小企业网络接入互联网　112
知识拓展　113
认证测试　113

任务 16　配置 PPP 安全技术，实现企业网安全接入互联网　115

一、任务描述　115
二、任务分析　115
三、知识准备　115
　　16.1　什么是广域网　115
　　16.2　广域网链路类型　116
　　16.3　PPP 协议　117
　　16.4　PPP 协议组件　118
　　16.5　PAP 和 CHAP 认证　118
　　16.6　配置 PPP 协议　120
四、任务实施　121
　　16.7　综合实训：配置 PPP 安全技术，实现企业网安全接入互联网　121
知识拓展　123
认证测试　123

4

项目 17　配置接入交换机端口安全，保障终端计算机接入安全　125

一、任务描述　125
二、任务分析　125
三、知识准备　125
　17.1　保护终端设备接入安全　125
　17.2　什么是交换机端口安全　126
　17.3　交换机安全端口安全技术　126
　17.4　配置端口最大连接数　127
　17.5　绑定交换机端口安全地址　128
四、任务实施　129
　17.6　综合实训：配置接入交换机端口安全，
　　　　保障终端计算机接入安全　129
知识拓展　130
认证测试　130

任务 18　配置交换机镜像安全，监控可疑终端设备安全　132

一、任务描述　132
二、任务分析　132
三、知识准备　132
　18.1　交换机的镜像安全技术　132
　18.2　什么是镜像技术　133
　18.3　镜像技术术语　133
　18.4　配置交换机端口镜像技术　134
四、任务实施　134
　18.5　综合实训：配置交换机镜像安全，
　　　　监控可疑终端设备安全　134
知识拓展　137
认证测试　137

任务 19　配置汇聚交换机安全，限制子网之间安全　139

一、任务描述　139
二、任务分析　139
三、知识准备　139
　19.1　数据包过滤技术　139
　19.2　什么是访问控制列表技术　140
　19.3　访问控制列表的类型　140
　19.4　标准访问控制列表基础　141
　19.5　配置标准访问控制列表技术　141
　19.6　配置命名的标准访问控制列表　142
四、任务实施　142
　19.7　综合实训：配置汇聚交换机安全，限制
　　　　子网通信安全　142
知识拓展　145
认证测试　145

任务 20　配置汇聚交换机安全，限制子网访问服务　146

一、任务描述　146
二、任务分析　146
三、知识准备　146
　20.1　访问控制列表分类　146
　20.2　什么是扩展访问控制列表　147
　20.3　扩展的访问控制列表特征　147
　20.4　配置扩展访问控制列表技术　147
　20.5　配置命名的扩展的访问控制列表　149
四、任务实施　149
　20.6　综合实训：配置汇聚交换机安全，
　　　　限制子网访问服务　149
知识拓展　152
认证测试　152

任务 21　配置出口路由器，限制访问互联网服务及时间　154

一、任务描述　154
二、任务分析　154
三、知识准备　154
  21.1　基于时间访问控制列表技术　154
  21.2　定义基于时间访问控制列表规则　155
四、任务实施　156
  21.3　综合实训：配置出口路由器，限制访问互联网服务及时间　156
知识拓展　158
认证测试　158

任务 22　在校园网安装防火墙设备，保障校园网络安全　160

一、任务描述　160
二、任务分析　160
三、知识准备　160
  22.1　什么是防火墙　160
  22.2　防火墙安全系统　161
  22.3　防火墙的功能　162
  22.4　防火墙不能防范的安全事件　162
  22.5　防火墙的类型　163
四、任务实施　164
  22.6　综合实训：在校园网安装防火墙设备，保障校园网络安全　164
知识拓展　174
认证测试　174

任务 23　配置防火墙设备，实现安全网站访问过滤　175

一、任务描述　175
二、任务分析　175
三、知识准备　175
  23.1　防火墙的包过滤功能　175
  23.2　防火墙的包过滤优点　176
  23.3　在网络中部署防火墙　177
  23.4　防火墙选购注意事项　179
四、任务实施　180
  23.5　综合实训：配置防火墙设备，实现 URL 访问过滤　180
知识拓展　185
认证测试　185

任务 24　配置无线 AP 设备，组建家庭无线局域网环境　187

一、任务描述　187
二、任务分析　187
三、知识准备　187
  24.1　什么是 WLAN　187
  24.2　WLAN 协议标准　188
  24.3　无线 AP 设备介绍　189
  24.4　无线交换机设备介绍　191
  24.5　无线控制器设备介绍　192
  24.6　WLAN 组网模式　192
四、任务实施　193
  24.7　综合实训：配置无线控制器设备　193
知识拓展　197
认证测试　198

PART 1

任务 1
安装交换机设备上架

 一、任务描述

浙江科技工程学校提出改造网络中心的交换机设备的任务，需要重新安装交换机，把所有的交换机设备都上架，便于管理标准化。小明是网络中心新入职的网络管理员，因此需要学习如何把交换机设备上架，完成安装。

 二、任务分析

安装在网络中的交换机设备需要上架，或者安装在指定的位置，便于有效加强设备的管理，增强网络设备的安全性。网络设备稳定、安全，才能有效保障网络的稳定。在日常网络安装和组建过程中，交换机的上架安装有标准的实施流程。以下主要介绍交换机设备安装、上架标准的流程，以及相关的安全注意内容。

 三、知识准备

1.1 安全性建议

为了避免在安装交换机的过程中对人和设备造成伤害，工程师在安装交换机的硬件产品之前，需要仔细阅读交换机安装的安全建议。

1．安装系统的安全

在安装交换机设备之前，首先需要保持机箱清洁、无尘，避免粉尘对交换机硬件设备的损坏。不要将拆卸完成的交换机硬件设备直接放在行走区域内，避免行人等造成的碰撞事件发生。此外，安装和维护交换机设备时，请不要穿宽松的衣服，或携带其他可能被机箱挂住的东西。保证在拆卸机箱前，关闭所有电源，拔掉所有电源电缆。

2．搬移的安全

在安装交换机设备过程中，应避免频繁移动设备。移动设备时，应注意平衡，避免碰伤腿和脚或扭伤腰。

3．电气安全性

进行电气操作时，必须遵守所在地的法规和规范。相关工作人员必须具有相应的作业资格。请仔细检查在工作区域内是否存在潜在的危险，比如电源是否未接地，电源是否接地不可靠，地面是否潮湿等。

在安装交换机设备之前，要知道所在室内的紧急电源开关的位置。当发生意外时，要先切断电源开关。尽量不要一个人带电维护，需要关闭电源时，一定要仔细检查确认。

此外，不要把设备放在潮湿的地方，也不要让液体进入设备箱体内。

在这里，特别提醒注意的是，不规范、不正确的电气操作可能引起火灾或电击等意外事故，并对人体和设备造成严重、致命伤害。

直接或通过潮湿物体间接接触高压、市电，可能带来致命危险。

4．防静电放电破坏

在安装交换机设备之前，为防止静电破坏，应做到：

（1）设备及地板良好接地；

（2）室内防尘；

（3）保持适当的湿度条件。

1.2　安装场地的要求

交换机必须在室内使用。为保证设备正常工作和延长使用寿命，安装场所必须满足下列要求。

1．通风要求

交换机应保证通风口的空间预留，以确保散热正常进行。在连接上各种缆线后，应整理成线束或放置在配线架上，避免挡住进风口。

2．温度和湿度要求

为保证设备正常工作和使用寿命，机房内需维持一定的温度和湿度。 如果机房长期处于不符合温度和湿度要求的环境，将可能会对设备造成损坏。

处于相对湿度过高的环境，易造成绝缘材料绝缘不良，甚至漏电，有时也易发生材料机械性能变化、金属部件锈蚀等现象。

处于相对湿度过低的环境，绝缘片会干缩，同时易产生静电，危害设备上的电路。

处于温度过高的环境，则危害更大，会使设备的可靠性大大降低，长期高温还会影响寿命，加速老化过程。

所以交换机对环境的温度和湿度要求如表 1-1 所示。

表 1-1　交换机温度和湿度要求

温　　　度		相对湿度	
长期工作条件	短期工作条件	长期工作条件	短期工作条件
15℃～40℃	0℃～45℃	40%～65%	10%～90%

需要特别提醒注意的是：

（1）设备工作环境温度和湿度的测量点，指在设备机架前后没有保护板时测量，距地板1.5m 高，并距设备前面板 0.4m 处的测量数值；

（2）短期工作条件指连续不超过 48h 和每年累计不超过 15d。

3．洁净度要求

灰尘对设备运行是一大危害。室内灰尘落在机体上，可以造成静电吸附，使金属接点接触不良，尤其是在室内相对湿度偏低的情况下，更易造成这种静电吸附，不但影响设备寿命，而且容易造成通信故障。

除灰尘外，设备所处的机房对空气中所含的盐、酸、硫化物也有严格的要求。这些有害物会加速金属的腐蚀和某些部件的老化过程。机房应防止有害气体（如二氧化硫、硫化氢、二氧化氮、氯气等）的侵入。

4．抗干扰要求

交换机在使用中可能受到来自系统外部的干扰，这些干扰通过电容耦合、电感耦合、电磁波辐射、公共阻抗（包括接地系统）耦合和导线（电源线、信号线和输出线等）的传导方式对设备产生影响。为此应注意：

- 交流供电系统为 TN 系统，交流电源插座应采用有保护地线（PE）的单相三线电源插座，使设备上滤波电路能有效滤除电网干扰；
- 交换机工作地点远离强功率无线电发射台、雷达发射台、高频大电流设备；
- 必要时采取电磁屏蔽的方法，如接口电缆采用屏蔽电缆；
- 接口电缆要求在室内走线，禁止户外走线，以防止因雷电产生的过电压、过电流将设备信号口损坏。

5．系统接地要求

良好的接地系统是交换机稳定可靠运行的基础，是防止雷击、抵抗干扰的首要保证条件。请按设备接地规范的要求，认真检查安装现场的接地条件，并根据实际情况把地线接好。

交换机接地线的正常连接是交换机防雷、防干扰的重要保障，所以用户必须正确接地。

使用交流电的设备必须通过黄绿色安全地线接地，否则当设备内的电源与机壳之间的绝缘电阻变小时，会导致电击伤害。

设施的雷电保护系统是一个独立的系统，由避雷针、下导体和与接地系统相连的接头组成。该接地系统通常与用作电源参考地及黄绿色安全地线的接地是共用的。雷电放电接地仅对建设设施而言，设备没有这个要求。

6．防雷考虑

当交流电源线从户外引入，直接接到交换机电源口时，交流电源口应采用外接防雷接线排的方式来防止交换机遭受雷击。防雷接线排可用线扣和螺钉固定在机柜、工作台或机房的墙壁上。使用时，交流电先进入防雷接线排，经防雷接线排后再进入交换机。

 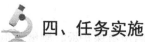四、任务实施

1.3　综合实训：安装交换机，实施设备上架

【网络场景】

如图 1-1 所示网络场景，是网络中心需要将交换机上架到机柜中的场景，需要按照标准的工作流程，安装交换机上架操作。

图 1-1　安装交换机设备进入机柜

【设备清单】配线架（1 台）；交换机（1 台）。

【实施过程】

1．安装交换机前确认

在把交换机设备安装到机架上之前，请确认以下几点。

- 安装处能否提供足够的风流通过产品。
- 安装处是否满足设备对温度和湿度的要求。
- 安装处是否已布置好电源和满足对电流要求。
- 安装处是否已布置好相关网络配线。

2．安装交换机注意事项

安装时，请注意以下几点。

- 连接电源前，应确认外部提供的电源是否与本设备安装的电源模块相匹配。
- 连接电源线前，应确定电源模块的开关处于断开状态。
- 应使用对应颜色的电源线连接到对应的接线柱上。
- 应确保连接后的电源连接线接触良好。
- 交换机机身上不要放置重物。
- 在设备周围有足够的通风空间（10cm 以上）以确保良好的散热，请勿堆砌放置。
- 交换机工作地点远离强功率无线电发射台、雷达发射台、高频大电流设备；必要时采取电磁屏蔽的方法，如接口电缆采用屏蔽电缆。
- 接口电缆要求在室内走线，禁止户外走线，以防止因雷电产生的过电压、过电流将设备信号口损坏。

3. 安装方式一: 将交换机安装到 19in 机柜中

正规厂商生产的交换机设备都按照国标规格生产，因此都满足 EIA 标准尺寸，可以安装在 19 in 的配线柜里。在安装时，交换机前面板向前放在支架上。

为安全起见，扣上随机配送的螺丝钉，如图 1-2 所示。

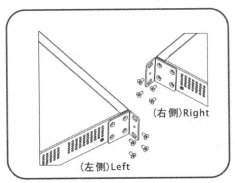

固定在19in标准机柜时

图1-2 将交换机安装到 19 in 机柜中

4. 安装方式二: 将交换机安装在墙壁上

随交换机附送的挂耳可支持壁挂模式，如图 1-3 所示。

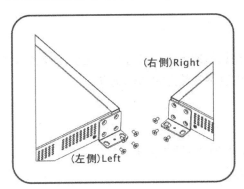

挂墙时,将固定架旋转90°安装

图1-3 将交换机安装在墙壁上

5. 安装方式三: 将交换机安装在桌面上

很多情况下，用户并不具备 19in 标准机柜，此时，人们经常用到的方法就是将交换机放置在干净的工作台上，此种操作比较简单，具体安装过程如下。

第一步：将包装箱内提供的 4 个黏性胶垫粘贴在交换机底面的四角凹坑内。

第二步：将交换机平放在桌面上，并确保交换机的通风情况良好。可在交换机上安装拉手。

6. 安装后检查

需要提醒注意的是，检查安装是否正确之前，请一定关闭电源，以免连接错误造成人体伤害和损坏产品部件。

安装完成后，主要检查以下事项是否符合标准操作。

- 检查地线是否连接。
- 检查配置电缆、电源输入电缆连接关系是否正确。
- 检查接口线缆是否都在室内走线，无户外走线现象；若有户外走线情况，请检查是否进行了交流电源防雷插排、网口防雷器等的连接。
- 检查设备周围有足够的通风空间（10cm 以上）。

7．上电前的检查

安装完成后，在准备给交换机设备加电之前，主要检查以下事项是否符合标准操作。

- 交换机是否充分接地。
- 电源线连接是否正确。
- 供电电压是否与交换机要求的一致。
- 配置电缆连接是否正确，配置使用的终端（可以是 PC）是否已经打开，配置参数是否已完成设置。

8．上电后的检查（推荐）

在给交换机设备加电之后，最好进行如下检查，以保证后面配置工作的正常进行。

- 配置使用的终端界面是否有打印信息。
- 设备的指示灯是否正常。

知识拓展

本单元模块主要讲解交换机的上架安装过程。在机房或者网络中心观察机房中交换机设备的安装和摆放方式，指出这种安装方式的优缺点。

认证测试

1. 计算机网络中可以共享的资源包括（　　　）。

    A. 硬件、软件、数据

    B. 主机、外设、软件

    C. 硬件、程序、数据

    D. 主机、程序、数据

2. 网络中用集线器或交换机连接各计算机的这种结构属于（　　　）。

    A. 总线结构

    B. 环状结构

    C. 星状结构

    D. 网状结构

3. 下面不属于网卡功能的是（　　　）。

    A. 实现介质访问控制

    B. 实现数据链路层的功能

    C. 实现物理层的功能

    D. 实现调制和解调功能

4. 制作双绞线的 T568B 标准的线序是（　　　）。

    A. 橙白、橙、绿白、绿、蓝白、蓝、棕白、棕

    B. 橙白、橙、绿白、蓝、蓝白、绿、棕白、棕

    C. 绿白、绿、橙白、蓝、蓝白、橙、棕白、棕

    D. 以上线序都不正确

5. 下列哪种说法是正确的？（　　　）

    A. 集线器可以对接收到的信号进行放大

    B. 集线器具有信息过滤功能

    C. 集线器具有路径检测功能

    D. 集线器具有交换功能

PART 2
任务 2
配置交换机，优化办公网

 一、任务描述

浙江科技工程学校需要改造网络中心的交换机设备，新安装了几台交换机设备，改造校园网核心机房设备，优化网络中心网络传输效率。

小明是网络中心新入职的网络管理员，需要向网络中心的工程师学习如何配置交换机设备，掌握配置交换机设备的基本命令。

 二、任务分析

安装在网络中的交换机设备，只要接上电源就能正常工作，高速传输数据。但安装在网络中心的都是智能化交换机设备，具有网络优化和管理的功能。通过配置这些智能化交换机设备，可以有效优化网络环境。

 三、知识准备

2.1　认识交换机设备

交换（switching）是按照通信两端传输信息的需要，用人工或设备自动完成的信息交换方法，把要传输的信息送到符合要求的相应路由上的技术的统称。广义的交换机（switch）就是一种在通信系统中完成信息交换功能的设备。

普通交换机也叫第 2 层交换机，或称为 LAN 交换机，替代集线器优化网络传输效率。像网桥一样，交换机也连接 LAN 分段，利用一张 MAC 地址表来分流帧，从而减少通信量，但交换机的处理速度比网桥要高得多。

与网桥相似，二层交换机也是数据链路层设备，能把多个物理上 LAN 分段，互联成更大的网络。交换机也基于 MAC 地址对通信帧进行转发。由于交换机通过硬件芯片转发，所以交换速度要比网桥软件执行交换快得多。

如图 2-1 所示是锐捷生产 RG-S2628G-I 交换机，它具有 24 个百兆端口、4 个千兆端口和 1 个扩展端口插槽，以及 Console 端口（控制口）。此外，还有一系列的 LED 指示灯。

图 2-1 锐捷增强型安全智能多层交换机

交换机前面板以太接口编号由两个部分组成：插槽号和端口在插槽上的编号。默认前面板固化端口插槽编号为 0，端口编号为 3，则该接口书写标识为：FastEthernet0/3。

交换机配置端口 Console 口是一个特殊端口，是控制交换机设备端口，能实现设备初始化或远程控制。连接 Console 端口需要专用配置线，连接至计算机 COM 串口上，利用终端仿真程序（如 Windows 系统"超级终端"），进行本地配置。

交换机不配置电源开关，电源接通就启动。当交换机加电后，前面板 Power 指示灯点亮成绿色。前面板上多排指示灯是端口连接状态灯，代表所有端口工作状态。

交换机具有智能化，通过配置和管理交换机操作系统，优化网络传输环境。

2.2 交换机访问方式

交换机可以不经过任何配置，和集线器一样，加电后直接在局域网内使用。不过这样既浪费了可管理型交换机提供的智能网络管理功能，局域网内传输效率的优化、各种安全性提高、网络稳定性、可靠性等也都无法实现了。因此，需要对交换机进行一定的配置和管理。

对交换机的配置管理，通过以下 4 种方式进行。

● 通过带外方式对交换机进行管理。
● 通过 Telnet 对交换机进行远程管理。
● 通过 Web 对交换机进行远程管理。
● 通过 SNMP 管理工作站对交换机进行远程管理。

第一次配置交换机，只能使用 Console 端口这种方式配置管理。这种配置方式使用专用的配置线缆，连接交换机 Console 端口配置，不占用网络带宽，因此称为带外管理（Out of band）。其他 3 种方式配置交换机时，均要通过普通网线连接交换机 Fastethernet 接口，通过 IP 地址实现，因此称为带内方式。配置交换硬件连接环境如图 2-2 所示。

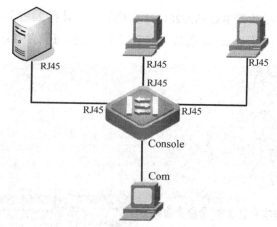

图 2-2 管理交换机的 4 种方式

2.3 通过带外方式管理交换机

不同交换机 Console 端口位置不同，但该端口都有 Console 标识，如图 2-3 所示。

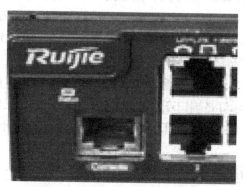

图 2-3 交换机上的 Console 端口

利用 Console 线缆，将交换机 Console 口与主机串口连接，如图 2-4 所示。

图 2-4 交换机配置线缆

启动交换机，配置计算机上终端软件程序，如 Windows 系统自带超级终端程序。

选择"开始"→"程序"→"附件"→"超级终端"命令，按提示配置超级终端程序。其中，在端口设置里面，各项参数如下：每秒位数（波特率）为 9600，数据位为 8，奇偶校验为"无"，停止位为 1，数据流控制为"无"。如图 2-5 所示。

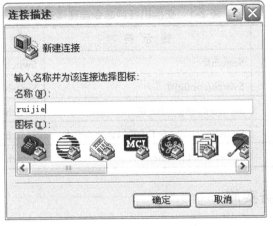

图 2-5　配置超级终端的端口参数

2.4　配置管理交换机工作模式

交换机配置界面分成若干模式，用户所处模式不同，使用的命令格式也不同。根据配置管理功能不同，交换机可分为 3 种工作模式。

- 用户模式。
- 特权模式。
- 配置模式（全局模式、接口模式、VLAN 模式、线程模式等）。

当用户和设备建立一个会话连接时，首先处于"用户模式"。在用户模式下，只可以使用少量命令，命令的功能也受到限制。

要使用更多配置命令，必须进入"特权模式"。在特权模式下，用户可使用更多命令。由此进入"全局配置模式"，使用配置模式（全局配置模式、接口配置模式等）命令。如用户保存配置信息，这些命令将被保存下来，并在系统重启时，对当前运行配置产生影响。

表 2-1 列出各种命令模式、如何访问每种模式、每种命令模式提示符。

表 2-1　交换机各种命令管理模式

用户模式		提 示 符	示　例
特权模式		Switch#	Switch>enable
配置模式	全局模式	Switch(config)#	Switch#configure terminal
	VLAN 模式	Switch(config-vlan)#	Switch(config)#vlan 100
	接口模式	Switch(config-if-FastEthernet 0/0)#	Switch(config)#interface fa0/0
	线程模式	Switch(config-line)#	Switch(config)#line console 0

 四、任务实施

2.5　综合实训：配置交换机，优化办公网

【网络场景】

如图 2-6 所示网络场景，使用 Console 线缆将交换机 Console 口和计算机上 Com1 口连接。启动计算机超级终端程序，正确配置好参数，实现配置交换机的初始化连接，交换机成功引导之后，进入初始配置。使用 enable 命令进入特权模式后，再使用 configure terminal 命令进入全局配置模式，就可以开始配置。

Console
配置线
PC1

图 2-6　配置交换机控制台特权密码

【设备清单】交换机（1 台）；计算机（1 台）；配置线缆（1 根）。

【实施过程】

1．配置交换机名称

```
Ruijie>                               ! 普通用户模式
Ruijie>enable                         ! 进入特权模式
Ruijie# configure terminal            ! 进入全局配置模式
Ruijie(config)# hostname  Switch      ! 设置网络设备名称为
Switch (config)#                      ! 名称已经修改
```

备注：交换机名称长度不能超过 255 个字符。在全局配置模式下使用 "no hostname" 命令，将系统名称恢复为默认值。

2．配置系统时间

```
Ruijie# clock set 05:54:43 1 30 2013    ! 设置系统时间和日期
Ruijie# show clock                      ! 查看修改系统时间
……
```

3. 配置每日提示信息

```
Ruijie(config)# banner motd  #                    ！开始分界符
Enter TEXT message. End with the character '#'.
Notice: system will shutdown on July 6th.#        ！结束分界符
Ruijie(config)#
```

在全局配置模式下，使用"no banner motd"命令，删除配置每日通知。

4. 配置交换机接口速度

快速以太网交换机端口速度，默认 100Mbit/s、全双工。

在网络管理工作中，在交换机接口配置模式下，使用以下命令来设置交换机端口速率。

```
Switch# configure terminal
Switch(config)#interface  fastethernet 0/3          ！F0/3 的端口模式
Switch(config-if-FastEthernet 0/3)#speed  10        ！配置端口速率为10Mbit/s
！配置端口速率参数有 100（100Mbit/s）、10（10Mbit/s）、auto（自适应），默认是 auto。
Switch(config-if-FastEthernet 0/3)#duplex  half           ！配置端口的双工模
式为半双工
！配置双式模式有 full（全双工）、half（半双工）、auto（自适应），默认是 auto。
Switch(config-if-FastEthernet 0/3)#no shutdown           ！开启该端口，转发数据
```

5. 配置交换机管理 IP 地址

二层接口不能配置 IP 地址，可以给交换虚拟接口 SVI（Switch virtual interface）配置 IP 地址作为交换机的管理地址。

默认交换虚拟接口 VLAN1 是交换机管理中心，二层交换机管理 IP 只能有一个生效。使用以下命令来配置交换机管理 IP 地址。

```
Switch> enable
Switch# configure terminal
Switch (config) # interface vlan 1                  ！打开 VLAN1 交换机管理中心
Switch (config-if-vlan 1) # ip address 192.168.1.1 255.255.255.0
！ 给该台交换机配置一个管理地址
Switch (config-if-vlan 1) # no shutdown
Switch (config-if-vlan 1)#end
```

6. 查看并保存配置

在特权模式下，使用"show running-config"命令，查看当前生效配置。

如果需要对配置进行保存，使用"Write"命令保存配置。

```
Switch#show version                 ！查看交换机的系统版本信息
……
Switch#show running-config          ！查看交换机的配置文件信息
……
```

```
Switch#show vlan 1                ！查看交换机的管理中心信息
……

Switch#show interfaces fa0/1      ！查看交换机的 FA0/1 接口信息
……
```

使用以下命令，来保存交换机的配置文件信息：

```
Switch # write memory
```
或者
```
Switch # write
```
或者
```
Switch# copy running-config startup-config
```

 知识拓展

本单元模块主要以锐捷网络生产的交换机设备作为实训对象。从网络上查找华为交换机、思科交换机产品，了解配置这些交换机的命令，比较其异同点。

 认证测试

1. 对于用集线器连接的共享式以太网哪种描述是错误的（　　　）。
   A. 集线器可以放大所接收的信号
   B. 集线器将信息帧只发送给信息帧的目的地址所连接的端口
   C. 集线器所有节点属于一个冲突域和广播域
   D. 10M 和 100M 的集线器不可以互连

2. 以太网交换机中的端口/MAC 地址映射表（　　　）。
   A. 是由交换机的生产厂商建立的
   B. 是交换机在数据转发过程中通过学习动态建立的
   C. 是由网络管理员建立的
   D. 是由网络用户利用特殊的命令建立的

3. 在交换式以太网中，下列哪种错误描述是正确的（　　　）。
   A. 连接于两个端口的两台计算机同时发送，仍会发生冲突
   B. 计算机的发送和接受仍采用 CSMA/CD 方式
   C. 当交换机的端口数增多时，交换机的系统总吞吐率下降
   D. 交换式以太网消除信息传输的回路

4. 网交换机处理的是信息是（　　　）。
   A. 脉冲信号
   B. MAC 帧
   C. IP 包
   D. ATM 包

5. 以下对局域网的性能影响最为重要的是（　　　）。

    A. 拓扑结构

    B. 传输介质

    C. 介质访问控制方式

    D. 网络操作系统

任务 3
配置虚拟局域网技术

 一、任务描述

浙江科技工程学校网络实训室中所有的计算机设备之前连接在一台交换机上。最近由于在做实验实训过程中，很多争用设备的情况，造成了很多网络实训设备管理混乱现象。因此网络中心安排小明配置实验室交换机设备，把所有计算机划分小组，各组使用自己组的设备做实验，不抢其他组设备。

 二、任务分析

安装在同一台交换机上的设备，由于以太网广播通信原理，会形成广播干扰，安全也得不到保障。虚拟局域网技术是二层交换网络上的隔离广播技术，通过虚拟局域网技术，可以把之前互联互通的网络，隔离成多个互相隔离的工作组网络，工作组之间不互相通信，实现了安全隔离广播的需要。

 三、知识准备

3.1 什么是虚拟局域网

VLAN（Virtual Local Area Network）的中文名为"虚拟局域网"。VLAN 是一种将局域网设备从逻辑上划分成一个个网段，从而实现虚拟工作组的新兴数据交换技术。

如图 3-1 所示，如果不划分 VLAN，那么连接在交换机上的 12 个用户可以直接通信。

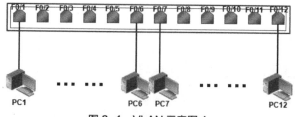

图 3-1　VLAN 示意图 1

但如果将 PC1 到 PC6 前 6 台 PC 划分在一个 VLAN, 如 VLAN 10; 再将 PC7 到 PC12 后 6 台 PC 划分到另一个 VLAN, 如 VLAN 20, 如图 3-2 所示。

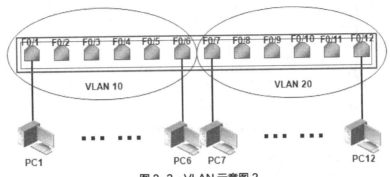

图 3-2　VLAN 示意图 2

那么前 6 台 PC, 如 PC1 和 PC6 之间可以通信, 后 6 台 PC, 如 PC7 和 PC12 也可以通信, 但是前 6 台 PC 和后 6 台 PC, 如 PC6 和 PC7 之间无法通信。

简单地说, VLAN 就是将一台物理交换机逻辑的划分成多个小交换机, 同一台交换机上的用户, 可以直接通信; 而划分出来的不同逻辑交换机之间, 无法直接通信。

VLAN 有以下特点。

- 基于逻辑的分组。
- 在同一 VLAN 内和真实局域网相同。
- 不受物理位置限制。
- 减少节点在网络中移动带来的管理代价。
- 不同 VLAN 内用户要通信需要借助三层设备。

3.2　虚拟局域网功能

VLAN 的主要有以下两个功能:

- 控制不必要的广播的扩散, 从而提高网络带宽利用率, 减少资源浪费;
- 划分不同的用户组, 对组之间的访问进行限制, 从而增加安全性。

默认情况下, 交换机所有端口都在一个广播域, 也就是说, 交换机里一台 PC 发送广播帧, 该交换机的其他所有端口都能收到该数据帧。

如果划分了 VLAN 后, 如图 3-3 所示, PC1 发送的广播帧到交换机的 F0/1 口后, 从交换机所有和 F0/1 口在同一个 VLAN, 也就是 VLAN 10 的端口, 也就是 F0/1 到 F0/6 这 6 个口发出, 而其他用户无法收到该广播帧, 也就是把一个广播域划分为多个广播域, 这样减少广播帧的洪泛, 节省资源。

如果 PC1 到 PC6 这 6 台 PC 属于公司财务部而 PC7 到 PC12 这 6 台 PC 属于公司销售部, 如图 3-3 所示。这样财务部内部可以互相通信, 销售部内部也可以相互通信, 两个部门之间无法通信。这样可以保证上网用户的安全。

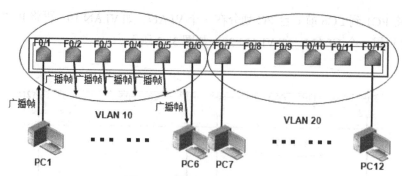

图 3-3　交换机中广播传播范围

VLAN 的划分方法有以下几种。

● 基于端口的 VLAN：根据以太网交换机的端口来划分 VLAN。

● 基于 MAC 地址的 VLAN：根据每台主机网卡的 MAC 地址来划分 VLAN。

● 基于网络层 VLAN：根据每台主机网络层地址或协议类型（支持多协议）划分 VLAN。

● 基于 IP 组播 VLAN：一个组播组就是一个 VLAN。

3.3　基于端口划分虚拟局域网

在划分 VLAN 的方法中，最常用的是基于端口的 VLAN。这种划分简单实用，就是把交换机的端口划分到对应的 VLAN 中。

无论哪些 PC，连到同一个 VLAN 对应端口就可以通信，如果连到不同 VLAN 对应端口则无法正常通信。默认情况下，交换机所有端口都属于 VLAN 1，因此这些端口都可以通信。

如图 3-4 所示，要将 F0/11、F0/13、F0/15、F0/17 划分到 VLAN 10，将 F0/19、F0/21～F0/24 划分到 VLAN 20，其余端口仍处于 VLAN 1。如果有 PC1 和 PC2 两台 PC 连在交换机上：

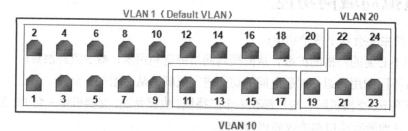

图 3-4　VLAN 的划分

● PC1 和 PC2 分别连接在 F0/11 和 F0/13 口，两台 PC 可以通信；

● PC1 和 PC2 分别连接在 F0/21 和 F0/22 口，两台 PC 可以通信；

● PC1 和 PC2 分别连接在 F0/1 和 F0/16 口，两台 PC 可以通信；

● PC1 和 PC2 分别连接在 F0/11 和 F0/21 口，两台 PC 不能通信。

3.4　配置虚拟局域网

在交换机上配置 VLAN 的基本思路为

- 创建新 VLAN；
- 手工将端口加入新 VLAN 中。

1．创建新 VLAN

在特权模式下，使用"VLAN"命令进入 VLAN 配置模式，创建或者修改一个 VLAN。

```
Switch#configure terminal
Switch(config)#vlan 10                    ! 启用 VLAN 10
Switch(config-vlan)#name test1            ! 把 VLAN 10 命名为 test1
Switch(config-vlan)#exit
Switch(config)#vlan 20                    ! 启用 VLAN 20
Switch(config-vlan)#name test2            ! 把 VLAN 10 命名为 test2
Switch(config-vlan)# exit
```

其中 VLAN_ ID 数字范围是 1～4094，并且 VLAN 1 默认存在，且不能被删除。

Name 命令为 VLAN 取一个指定名称。如果没有配置，交换机自动为该 VLAN 起一个默认名字：VLAN xxxx。如"VLAN 0004"就是 VLAN 4 默认名字。

如果想把 VLAN 名字改回默认，输入"no name"命令即可。

2．分配端口给 VLAN

在特权模式下，利用命令"interface interface-id"，将一个接口分配给一个 VLAN，指定端口到划分好 VLAN 中，如将交换机 F0/1 端口指定到 VLAN 10。

```
Switch#configure terminal
Switch(config)# interface fastEthernet 0/1      ! 打开交换机的接口 1
Switch(config-if)# switchport access vlan 10    ! 把该接口分配到 VLAN 10 中
Switch(config-if)#no shutdown
Switch(config-if)#end
```

如果有大量接口要加入同一个 VLAN，可以使用"interface range {port-range}"命令，批量设置接口。

```
Switch(config)#interface range fastEthernet 0/2-8, 0/10
! 打开交换机接口 2 到 8，和 10 口
Switch(config-if)# switchport access vlan 10    ! 把该接口分配到 VLAN 10 中
Switch(config-if)#no shutdown
```

其中"range"表示一定范围接口，连续接口用由"-"连接起止编号，单个、不连续接口范围，使用逗号（,）隔开。可以使用该命令同时配置多个接口，配置属性和配置单个接口相同。当进入 interface range 配置模式时，此时设置将应用于所选范围内所有接口。

注意：同一条命令中所有接口范围中接口，必须属于相同类型。

3．查看 VLAN 信息

如下所示，查看交换机 VLAN 1 信息内容。

```
Switch #show vlan                    ! 查看 VLAN 配置信息
……
```

4．删除 VLAN 信息

在特权模式下，使用"**no vlan vlan-id**"命令，删除配置好 VLAN。

```
Switch#configure terminal
Switch(config)#no vlan 10          ! 删除 VLAN 10
```

所有交换机默认都有一个 VLAN 1，VLAN 1 是交换机管理中心。在默认情况下，交换机所有的端口都属于 VLAN 1 管理，VLAN 1 不可以被删除。

 四、任务实施

3.5 综合实训：配置虚拟局域网

【网络场景】

如图 3-5 所示网络场景，是网络实训室网络连接的场景，为了减少各个小组计算机之间的网络干扰，需要实施小组之间网络隔离，减少设备争用情况。

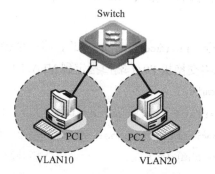

图 3-5 VLAN 隔离不同部门计算机场景

【设备清单】交换机（1 台）；计算机（≥3 台）；网线（若干）。

【工作过程】

步骤 1——组网

如图 3-5 所示网络规划拓扑，组建实训室交换机网络场景，注意交换机连接接口标识。

步骤 2——环境测试

（1）规划实训室网络场景中地址如表 3-1 所示。

表 3-1 实训室计算机 IP 地址规划

名　　称	IP 地址	子网掩码	备　　注
PC1	192.168.1.1	255.255.255.0	小组 1
PC2	192.168.1.2	255.255.255.0	小组 2

（2）分别使用"ping"命令，测试 PC1 和 PC2 机器连通情况，保证网络连通。由于是连接在同一台交换机，连接在同一台交换机上的 PC1 和 PC2 计算机能实现连通。如果有未连通情况，请及时排除网络故障。

步骤 3——查看交换机配置

在特权模式下，查看交换机配置方法如下：

```
switch>enable
switch #show running-config    ！查看交换机中配置是否处于初始状态
......
switch #show vlan
VLAN Name                      Status    Ports
------------------------------------------------------------
   1 VLAN0001                  STATIC    Fa0/1, Fa0/2, Fa0/3, Fa0/4
                                         Fa0/5, Fa0/6, Fa0/7, Fa0/8
                                         Fa0/9, Fa0/10, fa0/11, Fa0/12
                                         Fa0/13, Fa0/14, Fa0/15, Fa0/16
                                         Fa0/17, Fa0/18, Fa0/19, Fa0/20
                                         Fa0/21, Fa0/22, Fa0/23, Fa0/24
```

备注：交换机中 VLAN 信息处于初始状态，PC1 和 PC2 计算机测试互相连通。如果出现测试不通的情况，应该及时排除网络故障。

步骤 4——配置交换机 VLAN 信息

（1）在交换机上创建 VLAN。

```
Switch#configure terminal
Switch(config)#vlan 10
Switch(config-vlan)# name test10
Switch(config)# vlan 20
Switch(config-vlan)# name test20
Switch(config-vlan)#end
Switch#show vlan
```

（2）配置交换机，将接口分配到 VLAN。

```
Switch(config-if)# interface fastethernet 0/5      ！fa0/5 端口上连接 PC1
Switch(config-if)# switchport access vlan 10       ！将 fa0/5 端口加入 vlan 10
Switch(config-if)#interface fastethernet 0/15      ！fa0/15 端口上连接 PC2
Switch(config-if)# switchport access vlan 20       ！将 fa0/15 端口加入 vlan 20
Switch(config-if)#end

Switch#show vlan                                    ！查看配置好的 VLAN 信息
......
```

步骤 5——VLAN 技术测试

使用如表 3-1 所示的管理 IP 地址，分别使用"ping"命令，测试办公网中计算机 PC1 和 PC2 机器的连通情况。

由于在交换机上实施了 VLAN 技术，原来互相连通的网络实现了隔离。

 知识拓展

本单元模块主要讲述了虚拟局域网的配置技术。试试了解如何把配置完成的虚拟局域网删除掉，如何给配置完成的虚拟局域网配置管理地址。在一台二层交换机上，如果给多个虚拟局域网都配置管理地址，有效地址是多少？

 认证测试

1. 以下那一项不是增加 VLAN 带来的好处（   ）。

    A. 交换机不需要再配置

    B. 机密数据可以得到保护

    C. 广播可以得到控制

2. 你最近刚刚接任公司的网管工作，在查看设备以前的配置时发现在交换机中交换机配了 VLAN 10 的 IP 地址，请问该地址的作用是（   ）。

    A. 为了使 VLAN 10 能够和其他内的主机互相通信

    B. 做管理 IP 地址用

    C. 交换机上创建的每个 VLAN 必须配置 IP 地址

    D. 实际上此地址没有用，可以将其删掉

3. 对于已经划分了 VLAN 后的交换式以太网，下列哪种说法是错误的（   ）。

    A. 交换机的每个端口自己是一个冲突域

    B. 位于一个 VLAN 的各端口属于一个冲突域

    C. 位于一个 VLAN 的各端口属于一个广播域

    D. 属于不同 VLAN 的各端口的计算机之间，不用路由器不能连通

4. 下列哪种说法是错误的（   ）。

    A. 以太网交换机可以对通过的信息进行过滤

    B. 以太网交换机中端口的速率可能不同

    C. 在交换式以太网中可以划分 VLAN

    D. 利用多个以太网交换机组成的局域网不能出现环

5. 用超级终端来删除 VLAN 时要输入命令（   ）。

```
vlan database
no vlan 0002
exit
```

其中 0002 是指（　　　）。

A. VLAN 的名字

B. VLAN 的号码

C. 既不是 VLAN 的号码，也不是名字

D. VLAN 的号码或者名字均可以

PART 4
任务 4
配置虚拟局域网干道技术

 一、任务描述

浙江科技工程学校教研组老师众多,全部老师的办公场地分别有楼上和楼下二个办公区。由于楼上和楼下办公网分别有二台交换机,规划有多个不同的 VLAN。

为实现全部老师的办公场地分别有楼上和楼下二个办公区中,所有计算机之间互联互通,需要配置楼上和楼下交换机设备,实现位于楼上和楼下全部老师的所有计算机互相连通。

 二、任务分析

同一部门的计算机设备,分散在不同的交换机上,如果没有进行虚拟局域网规划,能实现互联互通。但如果交换机上划分有虚拟局域网,同一部门的计算机设备分散在不同的交换机上,则可能由于跨交换机虚拟局域网技术,造成不能直接通信。需要实施虚拟局域网的干道技术,才能有效解决问题,实现同部门网络互联互通。

 三、知识准备

4.1　什么是交换机 Access 端口

交换机上二层接口称为 Switch Port,由设备单个物理接口构成,具有二层交换功能。该接口是一个 Access 接口(UnTagged 接口),即接入接口,用来接入计算机设备。但交换机不是所有的接口都用来连接计算机,有些交换机端口需要连接的上联交换机设备。

一般把连接计算机的端口称为 Access 类型端口,该端口只属于 1 个 VLAN,用于交换机与终端计算机之间连接,图 4-1 所示中显示所有的 Access 端口。

4.2　交换机 Access 端口特征

默认情况下,Access 端口用来接入终端设备,如 PC 机、服务器等。交换机所有端口默认都是 Access 端口。Access 接口只属于一个 VLAN。

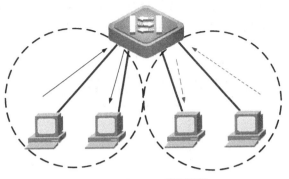

图 4-1　Access 端口类型

Access 端口在收到报文，判断是否有 VLAN 信息，如果没有，则打上端口 VLAN ID 号，进行交换转发；如果有，则直接丢弃（默认）。Access 端口在收到报文时，先将报文 VLAN 信息剥离，再发送出去。

如图 4-2 所示，交换机 F0/1 端口属于 VLAN 10，那么所有带有 VLAN 10 标记（tag）数据帧，会被交换机 ASIC 芯片转发到 F0/1 端口上。交换机 F0/1 端口属于 Access 端口，当发往 VLAN 10 的数据帧通过这个端口时，数据帧中的 VLAN 10 标记（tag）将被剥掉，还原为普通以太网帧；到达用户计算机时，就是普通以太网的帧。

而当用户计算机发送一个以太网帧，通过这个端口向外传输时，这个端口会给这个数据帧，加上一个 VLAN 10 的 tag 标签。带有其他 VLAN 的 tag 的帧，则不能从这个端口传输。

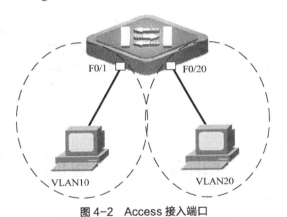

图 4-2　Access 接入端口

4.3　什么是交换机 Trunk 端口

默认情况下，Access 端口用来接入终端设备，如 PC 机、服务器等。交换机所有端口默认都是 Access 端口。Access 接口只属于一个 VLAN。

Access 口只属于一个 VLAN，而 Trunk 口则属于多个 VLAN，用来连接骨干交换机之间接口，Trunk 接口将传输所有 VLAN 的帧。为了减轻网络中设备负载，减少对带宽的浪费，通过设置 VLAN 许可列表，限制 Trunk 接口传输指定 VLAN 帧通过。

Trunk 接口实现不同交换机之间连接，跨越多台交换机实现同一个 VLAN 内成员相互通讯。如图 4-3 所示，如果一个 VLAN 内成员分布于不同交换机上，它们之间互通时，只能在每个 VLAN 内都连接一条链路，必然会造成交换机接口极大消耗。

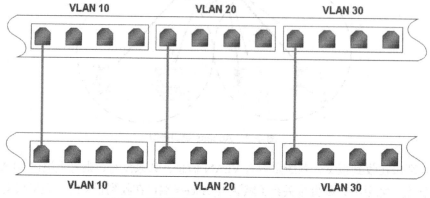

图 4-3　跨越多台交换机的 VLAN 间通信问题

由于同一个 VLAN 的成员会跨越多台交换机连接，而多个不同 VLAN 的数据帧，都需要通过连接交换机同一条链路进行传输，这样就要求跨越交换机的数据帧，必须封装为一个特殊标签，以声明它属于哪一个 VLAN，方便转发传输。

为了让 VLAN 能够跨越多台交换机，实现同一 VLAN 中成员通信。采用干道 Trunk 技术将两台交换机连接起来，如图 4-4 所示。Trunk 主干链路是连接不同交换机之间一条骨干链路，可同时承载来自多个 VLAN 中数据帧信息。

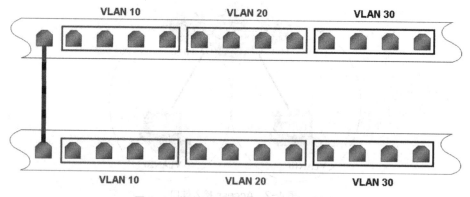

图 4-4　使用 VLAN 标签 Trunk 主干链路

4.4　IEEE802.1Q 干道（Trunk）协议

干道协议 IEEE 802.1Q 规范，为标识带有 VLAN 成员信息帧建立一种标准，解决 Trunk 干道接口实现多个 VLAN 通讯方法。IEEE 802.1Q 完成以上功能关键在于标签（tag），交换机上配置为 Trunk 的干道端口，为每一个通过数据帧增加和拆除来自 VLAN 标签信息。

支持 802.1Q 的干道接口，可被配置来传输标签帧或无标签帧，通过配置完成 IEEE 802.1Q 规范，把一个包含 VLAN 信息标签字段（tag），插入到以太网数据帧中，形成新 IEEE 802.1Q

数据帧。如果对端接口也是支持 802.1Q 设备，那么这些带有标签 IEEE 802.1Q 数据帧，可以在多台交换机之间传送 VLAN 成员信息，从而实现同一个 VLAN 中信息，可以跨越多台交换机实现同一 VLAN 之间通信。

Trunk 干道端口也很好地解决了这个问题，Trunk 技术使得一条物理线路，可以传送多个 VLAN 的数据。

IEEE 组织规划的 IEEE 802.1Q 协议，为交换机之间干道（Trunk）端口提供技术支持。每一台支持 802.1Q 协议的计算机，在发送数据包时，都在原来以太网数据帧头源地址后，增加一个 4 字节 802.1Q 帧头信息，之后再接原来以太网数据帧，形成新的 IEEE 802.1Q 帧。如图 4-5 所示，显示默认 IEEE802.3 帧和 IEEE802.1Q 帧格式的异同。

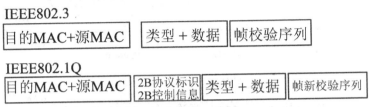

图 4-5　IEEE802.3 的数据帧和 IEEE802.1Q 格式

IEEE 802.1Q 协议改造传统的 IEEE802.3 的数据帧，以方便来自 VLAN 中的信息，被交换机识别和区分。IEEE 802.1Q 协议在传统的 IEEE802.3 的数据帧的帧头位置，增加了一个 4 字节的 802.1Q 帧头，如图 4-6 所示。

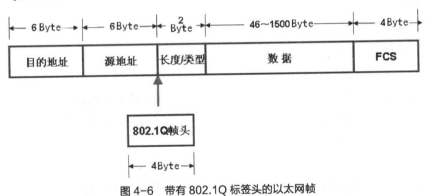

图 4-6　带有 802.1Q 标签头的以太网帧

增加的 4 字节的 802.1Q 标签头，包含 2 字节标签协议标识 TPID（Tag Protocol Identifier，它的值是 0x8100），2Byte 标签控制信息 TCI（Tag Control Information）。其中，TPID 是 IEEE 定义的新类型，表明这是 802.1Q 标签数据帧，图 4-7 显示了 802.1Q 标签头的详细内容。

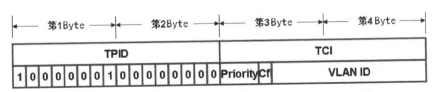

图 4-7　802.1Q 帧头格式

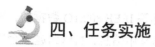

四、任务实施

4.5　综合实训：配置虚拟局域网干道技术

【网络场景】

如图 4-8 所示网络场景，是全部老师的办公场地，分别有楼上和楼下二个办公区。由于楼上和楼下办公网分别有二台交换机，规划有多个不同的 VLAN，需要实施干道技术，实现楼上和楼下二个办公区全部老师的计算机之间通信。

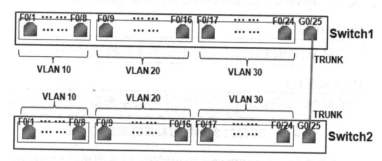

图 4-8　场景示意图

【设备清单】交换机（2 台）；测试计算机（2 台）；网线。

【实施过程】

1. 配置虚拟局域网

● switch1 的配置如下：

```
Ruijie# configure terminal

Ruijie(config)#hostname switch1          ! 将交换机名字改为 switch1

switch1(config)# vlan 10                 ! 创建 VLAN 10

switch1(config-vlan)#exit


switch1(config)# vlan 20                 ! 创建 VLAN 20

switch1(config-vlan)#exit

switch1(config)# vlan 30                 ! 创建 VLAN 30

switch1(config-vlan)#exit

switch1(config)#
```

● switch2 的配置如下：

```
Ruijie# configure terminal

Ruijie(config)#hostname switch2          ! 将交换机名字改为 switch2

switch2(config)# vlan 10                 ! 创建 VLAN 10

switch2(config-vlan)#exit
```

```
switch2(config)# vlan 20              ! 创建 VLAN 20
switch2(config-vlan)#exit
switch2(config)# vlan 30              ! 创建 VLAN 30
switch2(config-vlan)#exit
switch2(config)#
```

备注：为交换机创建 VLAN，默认交换机只有 VLAN 1。如果要删除 VLAN，比如删除 VLAN 10，则需要输入"no vlan 10"命令。

2. 将接口划分到相应 VLAN

● switch1 上的配置如下：

```
switch1(config)#
switch1(config)#interface range fa 0/1-8       ! 进入交换机的 F0/1～F0/8 口
switch1(config-if-range)#switchport access vlan 10   ! 将接口划分到 VLAN 10
switch1(config-if-range)#exit

switch1(config)#interface range fa 0/9-16      ! 进入交换机的 F0/9～F0/16 口
switch1(config-if-range)#switchport access vlan 20   ! 将接口划分到 VLAN 10
switch1(config-if-range)#exit

switch1(config)#interface range fa 0/17-24     ! 进入交换机的 F0/17～F024 口
switch1(config-if-range)#switchport access vlan 30   ! 将接口划分到 VLAN 30
switch1(config-if-range)#exit
```

● switch2 上的配置如下：

```
switch2(config)#
switch2(config)# interface range fa 0/1-8       ! 进入交换机的 F0/1～F0/8 口
switch2(config-if-range)#switchport access vlan 10   ! 将接口划分到 VLAN 10
switch2(config-if-range)#exit

switch2(config)#interface range fa 0/9-16       ! 进入交换机的 F0/9～F0/16 口
switch2(config-if-range)#switchport access vlan 20   ! 将接口划分到 VLAN 10
switch2(config-if-range)#exit

switch2(config)#interface range fa 0/17-24      ! 进入交换机的 F0/17～F024 口
switch2(config-if-range)#switchport access vlan 30   ! 将接口划分到 VLAN 30
switch2(config-if-range)#exit
```

备注：锐捷交换机默认所有端口都是 Access 口且属于 VLAN 1。如果先被指定为其他类型，可以在端口下使用"switchport mode access"将端口变为 Access 口。

3. 配置交换机的干道技术

● switch1 的配置如下:

```
switch1(config)#
switch1(config)#int gi 0/25                    ！进入 G0/25 口
switch1(config-if-GigabitEthernet 0/25)#switchport mode trunk
                                               ！将端口变为 TRUNK 口
switch1(config-if-GigabitEthernet 0/25)#exit
```

● switch2 的配置如下:

```
switch2(config)#
switch2(config)#int gi 0/25                    ！进入 G0/25 口
switch2(config-if-GigabitEthernet 0/25)#switchport mode trunk
                                               ！将端口变为 TRUNK 口
switch2(config-if-GigabitEthernet 0/25)#exit
```

备注: 交换机端口设置为 TRUNK 口, 默认允许所有已经创建的 VLAN 通过。

4. 保存并查看交换机配置

● switch1 的配置如下:

```
switch1#show vlan                ！查看交换机 VLAN 信息
……

switch1#show interface switchport    ！查看交换机端口的 VLAN 信息
……

switch1#show interface trunk        ！查看交换机端口的干道信息
……
```

● switch2 的配置如下:

```
switch2#show vlan                ！查看交换机 VLAN 信息
……

switch2#show interface trunk        ！查看交换机端口的干道信息
……
```

 知识拓展

本单元模块主要介绍虚拟局域网的干道技术。如何禁止某一个虚拟局域网通过干道传输信息, 也即是不允许某一个虚拟局域网中的数据通过干道传输到网络的对端。

 认证测试

1. 802.1q 用多少 bit 表示 VLAN 编号 (   )。

    A. 12   B. 14

    C. 16   D. 8

2. S2126G 中 trunk 接口默认的 native vlan 是（　　　）。

    A. 1

    B. 0

    C. 4094

    D. 100

3. 能完成 VLAN 之间数据传递的设备是（　　　）。

    A. 中继器

    B. 交换器

    C. 集线器

    D. 路由器

4. IEEE 制定实现 Tag VLAN 使用的是下列哪个标准（　　　）。

    A. IEEE 802.1W

    B. IEEE 802.3AD

    C. IEEE 802.1Q

    D. IEEE 802.1X

5. IEEE802.1Q 的 TAG 是加在数据帧头的什么位置（　　　）。

    A. 头部

    B. 中部

    C. 尾部

    D. 头部和尾部

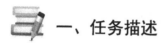

PART 5
任务 5
配置生成树技术，保障网络的稳定性

一、任务描述

浙江科技工程学校需要改造网络中心的交换机设备，需要重新安装交换机，增加网络的稳定性。为了增强网络的稳定，需要把安装在核心的交换机之间增加冗余，形成备份。

但增加了交换机之间的冗余备份，会形成网络的网络风暴，因此需要配置交换机生成树技术，增加网络的稳定性。

二、任务分析

安装在网络中的交换机设备使用冗余备份，能够为网络带来健全性、稳定性和可靠性等好处，但是备份链路使网络存在环路，交换网络中的环路，会由于广播等因素，形成网络的广播风暴，因此需要通过配置生成树技术，解决网络的环路问题。

三、知识准备

5.1 骨干网络的冗余链路

在许多交换机或交换机设备组成的网络环境中，通常都使用一些备份连接，以提高网络的健全性、稳定性。备份连接也叫备份链路、冗余链路等。

备份连接如图 5-1 所示，交换机 SW1 与交换机 SW3 的端口 1 之间的链路就是一个备份连接。在主链路（SW1 与 SW2 的端口之间的链路或者 SW2 的端口与 SW3 的端口之间的链路）出故障时，备份链路自动启用，从而提高网络的整体可靠性。

使用冗余备份能够为网络带来健全性、稳定性和可靠性等好处，但是备份链路使网络存在环路。图 5-1 中 SW1—SW2—SW3 之间的连接就是一个环路。环路问题是备份链路所面临的最为严重的问题，环路问题将会导致广播风暴、多帧复制及 MAC 地址表不稳定等问题。

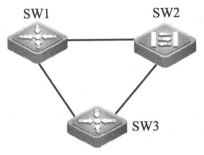

图5-1 备份链路

5.2 什么是生成树协议

在局域网通信中，为了能确保网络连接的可靠性和稳定性，常常需要网络提供冗余链路。而所谓"冗余链路"就是当一条通信信道遇到堵塞或者不畅通时，就启用别的通信信道。冗余就是准备两条以上的链路，如果主链路不通了，就启用备份链路。

为了解决冗余链路引起的问题，IEEE 通过了 IEEE 802.1d 协议，即生成树协议。

IEEE 802.1d 生成树协议通过在交换机上运行一套复杂的算法，使冗余端口置于"阻塞状态"，使得网络中的计算机在通信时，只有一条链路生效；而当这条链路出现故障时，IEEE 802.1d 协议将会重新计算出网络的最优链路，将处于"阻塞状态"的端口重新打开，从而确保网络连接稳定可靠。

生成树协议和其他协议一样，是随着网络的不断发展而不断更新换代。在生成树协议发展过程中，老的缺陷不断被克服，新的特性不断被开发出来，因此先后出现了 STP、RSTP、MSTP 等多种不同类型的生成树协议。

5.3 STP 生成树协议

1．什么是 STP 生成树协议

STP 生成树协议（Spanning—Tree Protocol,STP）是第一代生成树协议，最初由美国数字设备公司（Digital Equipment Corp，DEC）开发，后经电气电子工程师学会（Institute of Electrical and Electronics Engineers，IEEE）进行修改，制定相应的 IEEE 802.1d 标准。STP 协议的主要功能就是为了解决由于备份连接所产生的环路问题。

2．STP 生成树协议工作原理

STP 协议的主要思想就是当网络中存在备份链路时，只允许主链路激活，如果主链路因故障而被断开后，备用链路才会被打开。IEEE 802.1d 生成树协议（Spanning Tree Protocol）检测到网络上存在环路时，自动断开环路链路。

当交换机间存在多条链路时，交换机的生成树算法只启动最主要的一条链路，而将其他链路都阻塞掉，将这些链路变为备用链路。当主链路出现问题时，生成树协议将自动起用备用链路接替主链路的工作，不需要任何人工干预。

3. STP 生成树协议缺点

STP 协议解决了交换链路冗余问题，随着应用的深入和网络技术的发展，它的缺点在应用中也被暴露了出来，STP 协议的缺陷主要表现在收敛速度上。

当拓扑发生变化，新的生成树中传播消息（BPDU），要经过一定的时延，才能传播到整个网络，这个时延称为 Forward Delay，协议默认值是 15s。在网络中的所有的交换机都收到这条变化的消息之前，若旧拓扑结构中处于转发的端口，还没有发现自己应该在新的拓扑中停止转发，则可能存在临时环路。

为了解决临时环路的问题，生成树使用了一种定时器策略，即在端口从阻塞状态到转发状态中间，加上一个只学习 MAC 地址，但不参与转发的中间状态，两次状态切换的时间长度都是 Forward Delay，这样就可以保证在拓扑变化的时候，不会产生临时环路。但这个解决方案实际上带来却是至少两倍 Forward Delay 收敛时间，如图 5-2 所示。

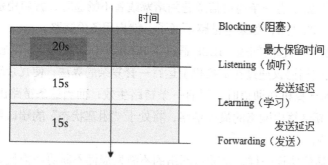

图 5-2　STP 生成树的 3 个计时器

生成树经过一段时间（默认值是 50s 左右）稳定之后，所有端口或者进入转发状态，或者进入阻塞状态。STP BPDU 仍然会定时（默认每隔 2s）从各个交换机的指定端口发出，以维护链路的状态。

如果网络拓扑发生变化，生成树就会重新计算，端口状态也会随之改变。

5.4　RSTP 快速生成树协议

为了解决 STP 协议收敛时间过长缺陷，IEEE 组织推出快速生成树 802.1w 标准，作为对 802.1D 标准补充。在 IEEE 802.1w 标准里定义了快速生成树协议 RSTP（Rapid Spanning Tree Protocol）标准。

IEEE 802.1d 通信协议虽然解决了链路闭合引起的死循环问题，不过生成树收敛（指重新设定网络中交换机端口状态）过程需要时间比较长，可能需要花费 50s。对于以前的网络来说，50s 的阻断是可以接受，毕竟那时的人们对网络的依赖性不强，但是现在情况不同了，人们对网络的依赖性越来越强，50s 的网络故障足以带来巨大的损失，因此 IEEE 802.1d 协议已经不能适应现代网络的需求了。

于是 IEEE 802.1w 协议问世了，作为对 802.1d 标准的补充。RSTP 协议在 STP 协议基础上做了三点重要改进，使得收敛速度快得多（最快 1s 以内）。

快速生成树协议 802.1w 由 802.1d 发展而成，这种协议在网络结构发生变化时，能更快地收敛网络，收敛速度只需要 1s 即可完成。IEEE 802.1w 协议使收敛过程，由原来的 50s，减少为现在约 1s，因此 IEEE 802.1w 又称为"快速生成树协议"。

第一点改进：为根端口和指定端口设置了快速切换用的替换端口（Alternate Port）和备份端口（Backup Port）两种角色，当根端口/指定端口失效的情况下，替换端口/备份端口就会无延时地进入转发状态。

第二点改进：在只连接两个交换端口点对点链路中，指定端口只需与下游交换机进行一次握手，就可以无时延进入转发状态。如果连接 3 台以上交换机共享链路，下游交换机不会响应上游指定端口发出握手请求，只能等待两倍 Forward Delay 时间进入转发。

第三点改进：直接与终端相连而不是把其他交换机相连的端口定义为边缘端口（Edge Port）。边缘端口可以直接进入转发状态，不需要任何延时。由于交换机无法知道端口是否是直接与终端相连，所以需要人工配置。

5.5 配置生成树协议

1. 打开、关闭 Spanning Tree 协议

普通的交换机的默认状态是关闭 Spanning-Tree 协议，如果需要开启生成树协议，通过以下命令完成：

```
Switch(config)#Spanning-tree
```

如果需要要关闭 Spanning Tree 协议，可用 no spanning-tree 全局配置命令进行设置。

2. 修改生成树协议类型

交换机的默认生成树协议的类型是第三代多生成树 MSTP 协议，如果希望修改为 STP 协议或者 RSTP 协议，通过以下命令完成：

```
Switch(config)#Spanning-tree
Switch(config)#spanning-tree mode stp
```

或者

```
Switch(config)#spanning-tree mode rstp
```

3. 配置交换机优先级

设置交换机的优先级，关系着到底哪台交换机为整个网络的根交换机，同时也关系到整个网络的拓扑结构。优先级的设置值有 16 个，都为 4096 的倍数，分别是 0、4096、8192、12288、16384、20480、24576、28672、32768、36864、40960、45056、49152、53248、57344、61440，默认值为 32768。

建议管理员把核心交换机的优先级设得高些（数值小），这样有利于整个网络的稳定。配置交换机优先级为 0，使该台交换机成为根交换机。

```
Switch(config)#spanning-tree priority 0
```

如果要恢复到默认值，可用 no spanning-tree priority 全局配置命令进行设置。

4. 查看 STP、RSTP 消息显示

```
SwitchA#show spanning-tree        !查看生成树的配置信息
```

四、任务实施

5.6 综合实训：配置生成树技术，保障网络的稳定性

【网络场景】

如图 5-3 所示，网络中心的两台计算机分别连接到网络中心的两台核心交换机上。

两台核心交换机为了防止单链路容易造成故障，使用双线连接，形成冗余增强网络的稳定性，现在需要在两台交换机上分别配置快速生成树技术。

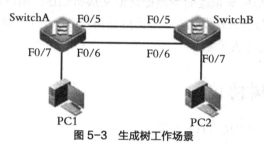

图 5-3　生成树工作场景

【设备清单】 交换机（2 台）；测试计算机（2 台）；网线（若干）。

【实施过程】

1. 在交换机上开启生成树协议

● SwitchA 的配置如下：

```
Ruijie# configure terminal
Ruijie(config)#hostname switchA
switchA(config)#spanning-tree              ! 开启生成树
switchA(config)#spanning-tree mode rstp    ! 指定生成树类型为快速生成树
switchA(config)#
```

● SwitchB 的配置如下：

```
Ruijie# configure terminal
Ruijie(config)#hostname switchB
switchB(config)#spanning-tree
switchB(config)#spanning-tree mode rstp
```

2. 配置生成树的优先级

配置 SwitchA 交换机为根交换机。

```
Ruijie# configure terminal
switchA(config)#spanning-tree              ! 开启生成树
switchA(config)#spanning-tree mode rstp    ! 指定生成树类型为快速生成树
switchA(config)#spanning-tree Priority 0
                                           ! 指定生成树的优先级为最高优先级 0 即为根交换机
switchA(config)#
```

3. 配置交换机生成树的快速转发口

● SwitchA 上的配置：

```
switchA(config)#
switchA(config)#interface  fa 0/7
switchA(config-if-FastEthernet 0/7)#spanning-tree portfast
```
! 设置交换机的接口 7 为 portfast 快速
转发口
```
switchA(config-if-FastEthernet 0/7)#end
switchA#
```

● SwitchB 上的配置：

```
switchB(config)#
switchB(config)# interface  fa 0/7
switchB(config-if-FastEthernet 0/7)#spanning-tree portfast
```
! 设置交换机的接口 7 为 portfast 快速
转发口
```
switchB(config-if-FastEthernet 0/7)#end
switchB#
```

4. 查看操作结果

```
switchA#show spanning-tree summary        ! 查看生成树状态
……
switchA#show spanning-tree interface f 0/5     ! 查看生成树接口
……
```

 知识拓展

本单元模块主要讲述交换机的生成树技术，这些生成树都是在忽视虚拟局域网的情况下。如果二层交换机上配置有多个虚拟局域网，生成树的 BPDU 消息，如何通过不同的虚拟局域网在交换机上传输？

 认证测试

1. IEEE 的哪个标准定义了 RSTP（   ）。

    A. IEEE802.3

    B. IEEE802.1

    C. IEEE802.1d

    F. IEEE802.1w

2. 常见的生成树协议有（   ）。

    A. STP

    B. RSTP

C. MSTP

D. PVST

3. 生成树协议是由（　　　）标准规定。

A. 802.3

B. 802.1Q

C. 802.1d

D. 802.3u

4. IEEE802.1d 定义了生成树协议 STP，将整个网络路由定义为（　　　）。

A. 二叉树结构

B. 无回路的树型结构

C. 有回路的树型结构

D. 环形结构

5. STP 的最根本目的是（　　　）。

A. 防止"广播风暴"

B. 防止信息丢失

C. 防止网络中出现信息回路造成网络瘫痪

D. 使网桥具备网络层功能

PART 6

任务6
配置多生成树技术，增强网络的健壮性

 一、任务描述

浙江科技工程学校多媒体实训中心机房，为了避免各个多媒体教室之间互相干扰，按教室分别在二层接入交换机上实施 VLAN 技术，把多媒体教室隔离成独立工作组网络。

互相连接在一起的多台交换机之间形成冗余，互为备份，增加机房网络的稳定性。但增加了冗余备份的交换机之间，会形成网络的网络风暴，因此需要配置交换机生成树技术，增加网络的稳定性。

 二、任务分析

安装在网络中的交换机设备使用冗余备份，能够为网络带来健全性、稳定性和可靠性等好处，但是备份链路使网络存在环路。交换网络中的环路，会由于广播等因素，形成网络的广播风暴，因此需要通过配置生成树技术，解决网络的环路问题。

由于连接多媒体实训中心机房交换机上划分有 VLAN 技术，在传统的快速生成树协议的规则中，每个 VLAN 是一个独立的生成树，并且 RSTP 不能在 VLAN 之间传递消息，逐渐暴露出其本身缺陷，需要使用基于实例的生成树技术解决这一问题。

三、知识准备

6.1　生成树的发展历史

随着网络技术的发展，STP 生成树协议也伴随技术发展而发展。在生成树协议的发展历史上，共有三代生成树技术的出现，分别是：

第一代生成树，STP（IEEE802.1D），RSTP（IEEE802.1W）；

第二代生成树，PVST，PVST+；

第三代生成树，MISTP，MSTP（IEEE 802.1S）。

简单地说，快速生成树 STP/RSTP 是基于端口的生成树；第二代生成树 PVST／PVST+

是基于 VLAN 的生成树，是厂商的非标准化的，私有生成树协议；而第三代生成树 MISTP / MSTP 就是基于实例的生成树，也称为多生成树。

目前网络设备厂商生产的交换机设备中，大多默认启用第三代生成树 MSTP 协议。

6.2 快速生成树的缺点

早期开发快速生成树 RSTP 协议，随着 VLAN 技术大规模应用，逐渐暴露出缺陷。

1. 无法实现负载分担

图 6-1 所示网络场景中，由于网络中 VLAN 存在，造成网络隔离。其中左边链路为主干链路，右侧链路是备份（backup）状态。如果要是能让 VLAN 10 的流量全走左边，VLAN 20 的流量全走右边，实现骨干链路的均衡负载，将更能平衡网络流量。

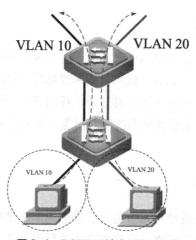

图 6-1　RSTP 无法实现负载分担

2. 造成 VLAN 网络不通

图 6-2 所示网络中，由于 VLAN 技术隔离效果，造成 RSTP 不能在不同的 VLAN 之间传递消息，会造成图中右下角交换机上 VLAN10 和 VLAN30，以及所有上联端口都 Discarding。导致这两个 VLAN 内的所有设备，都无法与上行设备通信。

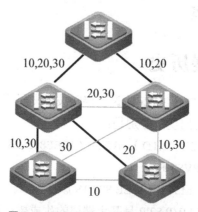

图 6-2　RSTP 造成 VLAN 不能通信

IEEE 802.1d 和 IEEE 802.1w 中提到的 STP 和 RSTP 生成树，都是单生成树（Mono Spanning-Tree,MST），即与 VLAN 无关生成树。整个网络只根据拓扑生成单一树型结构，因此在网络中出现 VLAN 技术时，就会造成网络故障发生。

6.3　什么是多生成树

在传统的快速生成树协议的规则中，每个 VLAN 对应一棵生成树，而且每隔 2s 就会发送一个生成树 BPDU 消息帧。这对于一个有着很多个 VLAN 的网络来说，一方面这么多生成树维护起来比较困难；另一方面，每个 VLAN 每隔 2 秒就发送一个 BPDU 消息帧，交换机也难以承受。为了解决这一问题，多生成树协议 MSTP 应运而生。

多生成树协议 MSTP（Multiple Spanning Tree Protocol）是 IEEE 802.1s 协议中定义一种新型生成树协议，在 MSTP 生成树协议中提出 VLAN 和生成树之间"映射"思想，在多生成树 MSTP 中，引入了"实例"（Instance）的概念。

所谓实例，是指多个 VLAN 集合。一个或若干个 VLAN，可以映射到同一棵生成树中，以减少生成树 BPDU 消息帧传播。但对于每个 VLAN 来说，则只能在一棵生成树里。多生成树 MSTP 技术，通过把多个 VLAN 捆绑到一个实例中技术，以达到节省通信开销和资源占用率的目的。

6.4　多生成树的优点

每个实例对应一个生成树，生成树 BPDU 消息帧只对实例进行发送，这样就可以达到既负载均衡，又没有浪费带宽的目的　（因为不是每个 VLAN 对应一个生成树，这样所发送的 BPDU 消息帧数量明显减少）。

MSTP 各个实例拓扑独立计算，在这些实例上实现负载均衡。在使用的时候，可以把多个相同拓扑结构 VLAN 映射到一个实例里，这些 VLAN 在端口上转发状态，取决于对应实例在 MSTP 里的状态。

多生成树协议 MSTP 是 IEEE 802.1s 中定义新型生成树协议，相对于 STP 和 RSTP，MSTP 生成树既能像 RSTP 一样快速收敛，又能基于 VLAN 负载分担，优势非常明显。

6.5　多生成树关键技术

多生成树 MSTP 协议引入了"域"管理的概念。

"域"由域名、修订级别、VLAN 与实例（Instance）的映射关系组成，只有上述三者配置信息都一样，且互相连接的交换机组成的网络，才被网络系统认为在同一个域内。默认情况下，网络中每一台交换机设备的域名，就是该台交换机的第一个 MAC 地址。修订级别默认都等于 0；所有的 VLAN 默认也都映射到实例 0 上。

多生成树协议 MSTP 中的实例，就是对网络中众多的 VLAN 进行分组，一些功能相似的 VLAN 被分到一个组里，另外一些 VLAN 分到另外一个组里，这里的"组"就是实例。实例可由 0～4094 范围中的任一数字标识，可以分配任意一个 VLAN。在同一时刻，仅属于一个生成树实例中。

其中，多生成树协议中的 MSTP 的实例 0，具有特殊的作用，被称为 CIST，即公共与内部生成树；其他的实例称为 MSTI，即多生成树实例。

1. MST 域

为了使交换机参与 MST 实例，必须在交换机中始终配置相同的 MST 配置信息。相同 MST 配置的互联交换机包含一个 MST 区域（MST region）。

MST 域是由一个交换网络中多台设备，以及它们之间网段构成。这些设备具有下列特点：都启动了 MSTP、具有相同的域名、具有相同 VLAN 到生成树实例映射配置、具有相同 MSTP 修订级别配置，并且这些设备之间在物理上有链路连通，如图 6-3 中左边区域就是一个 MST 域。

MST 配置控制每台交换机属于哪个 MST 区域，其配置包括区域名称、版本号和 MST VLAN 到实例的分配映射。

一个区域有一个或多个具有相同 MST 配置的成员，每个成员都必须能处理 RSTP 发出的 BPDU 消息帧。一个网络的 MST 区域中的成员数可以没有限制，但每个区域最多只支持 65 个生成树实例，也就是说最多有 65 个 VLAN 组。

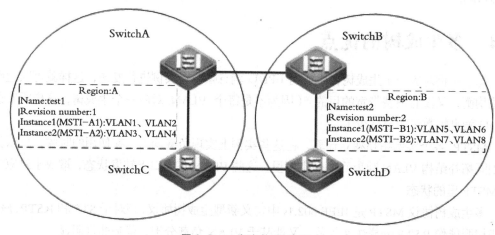

图 6-3 一个独立 MST 域

2. MSTI

在图 6-3 所示的一个 MST 域内，可以通过 MSTP 生成树协议生成多棵生成树，各棵生成树之间彼此独立。每棵生成树都称为一个 MSTI。每个域内可以存在多棵生成树，每棵生成树和相应的 VLAN 对应，这些生成树就被称为 MSTI。

3. VLAN 映射表

VLAN 映射表是 MST 域的一个属性，用来描述 VLAN 和生成树实例的映射关系。如图 6-3 中 MST 域 A 的 VLAN 映射表就是：VLAN 1 映射到生成树实例 1，VLAN 2 映射到生成树实例 2，其余 VLAN 映射到 CIST。

4．IST 域

IST（Internal Spanning Tree）是域内实例 0 上的生成树。IST 是 MST 区域内一个生成树，IST 实例使用编号 0。IST 和 CST 共同构成整个交换网络的 CIST。

IST 是 CIST 在 MST 域内的片段，如图 6-4 所示，CIST 在每个 MST 域内都有一个片段，这个片段就是各个域内 IST，IST 使整个 MST 区域从外部上看就像一个虚拟的网桥。

5．CST

CST（Common Spanning Tree）是连接交换网络内所有 MST 域的生成树。

如果把每个 MST 域看成一台"设备"，CST 就是这些"设备"通过 RSTP 协议计算生成的一棵生成树。如图 6-4 所示，区域 A 和区域 B 各自为一个网桥，在这些"网桥"间运行生成树被称为 CST，图中水平连接线条描绘就是 CST。

6．CIST

CIST（Common and Internal Spanning Tree）是连接一个交换网络内所有设备单生成树，由 IST 和 CST 共同构成。在图 6-4 中，每个 MST 域内的 IST，加上 MST 域间的 CST，就构成整个网络的 CIST。

IST 和 CST 共同构成了整个网络的 CIST，它相当于每个 MST 区域中的 IST、CST 以及 802.1d 网桥的集合。STP 和 RSTP 会为 CIST 选举出 CIST 的根。

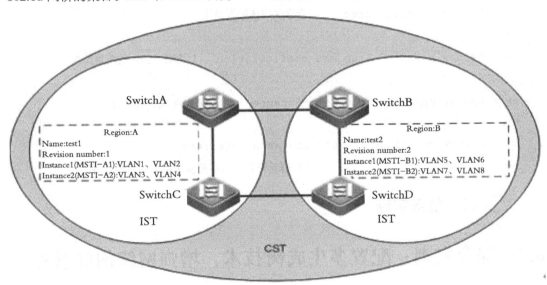

图 6-4 IST 和 CST 域关系

6.6 配置多生成树技术

1．开启 mstp 生成树协议

交换机默认状态开启 Spanning-Tree 协议，如果关闭，可以使用下面命令打开。

```
Switch(config)#spanning-tree
Switch(config)#spanning-tree mode mstp      ! 选择生成树模式为 MSTP
```

目前大部分智能化交换机在默认情况下，都自动启用 MSTP 生成树。

2．配置 mstp 生成树协议

多生产树 MSTP 有多项参数，如果需要配置 MSTP 属性参数，进入 MSTP 配置模式。

```
Switch#configure terminal
Switch(config)#spanning-tree mst configuration     ! 进入 MSTP 配置模式
Switch(config-mst)#instance instance-id vlan vlan-range
                                      ! 在交换机上配置 VLAN 与生成树实例映射关系
Switch(config-mst)#name name          ! 配置 MST 区域的配置名称
Switch(config-mst)#revision number    ! 配置 MST 区域的修正号
                                      ! 参数的取值范围是 0~65535，默认值为 0。
SwitchA(config)#spanning-tree mst instance priority number
                                               ! 配置 MST 实例的优先级
```

3．查看 MSTP 生成树配置信息

通过如下命令，查看 MSTP 生成树的配置信息：

```
Switch#show spanning-tree      ! 查看生成树配置结果
......

Switch#show spanning-tree mst configuration    ! 查看 MSTP 的配置结果
......

Switch#show spanning-tree mst instance     ! 查看特定实例的信息
......

Switch#show spanning-tree mst instance interface
......                         ! 查看特定端口在相应实例中的状态信息
```

 四、任务实施

6.7 综合实训：配置多生成树技术，增强网络的健壮性

【网络场景】

如图 6-5 所示，学校多媒体实训中心机房，按教室在二层接入交换机上实施 VLAN 技术，把多个多媒体教室隔离成独立工作组网络。互相连接在一起的多台交换机之间形成冗余，互为备份，增加机房网络的稳定性。希望启用 MSTP 生成树协议，实现网络稳定运行。

其中每台交换机上都运行了 VLAN 10 和 VLAN 20，要求 VLAN 10 的根网桥为 SWA，VLAN 20 的根网桥为 SWB，相关 MSTP 生成树配置信息如下。

【设备清单】交换机（2~3 台）；计算机（2 台）；网线（若干）。

【实施过程】

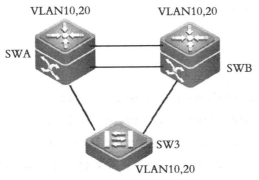

图 6-5　MSTP 生成树场景

● 配置 SWA 交换机 MSTP 生成树。

```
                   ! 关于 SWA 交换机基础配置信息省略，只涉及 MSTP 生成树配置信息
......
SWA(config)#spanning-tree
SWA(config)#spanning-tree mst configuration        ! 进入 MSTP 配置模式
SWA(config-mst)#instance 1 vlan 10     ! 配置 VLAN10 与生成树实例 1 映射关系
SWA(config-mst)#instance 2 vlan 20
SWA(config-mst)#name test               ! 配置 MST 区域的配置名称
SWA(config-mst)#revision 1              ! 配置 MST 区域的修正号
SWA(config-mst)#exit

SWA(config)# spanning-tree mst 0 priority 8192       ! 配置 MST0 实例的优先级
SWA(config)# spanning-tree mst 1 priority 4096
                ! 设置 SWA 的实例 1 优先级最高，手动指定实例 1 的根桥为 SWA
SWA(config)# spanning-tree mst 2 priority 8192
SWA(config)# exit

SWA #show spanning-tree mst configuration    ! 查看 MSTP 的配置结果
......
SWA #show spanning-tree mst instance     ! 查看特定实例的信息
......
```

● 配置 SWB 交换机 MSTP 生成树。

```
                   ! 关于 SWB 交换机基础配置信息省略，只涉及 MSTP 生成树配置信息
......
SWB(config)#spanning-tree
SWB(config)#spanning-tree mst configuration
SWB(config-mst)#instance 1 vlan 10
```

```
SWB(config-mst)#instance 2 vlan 20

SWB(config-mst)#name test

SWB(config-mst)#revision 1

SWB(config-mst)#exit


SWB(config)# spanning-tree mst 0 priority 8192

SWB(config)# spanning-tree mst 1 priority 8192

SWB(config)# spanning-tree mst 2 priority 4096
                    ！设置 SWB 的实例 2 优先级最高，手动指定实例 2 的根桥为 SWB
SWB(config)# exit


SWB #show spanning-tree mst configuration    ！查看 MSTP 的配置结果
……

SWB #show spanning-tree mst instance     ！查看特定实例的信息
……
```

● 配置 SWC 交换机 MSTP 生成树。

```
                    ！关于 SWC 交换机基础配置信息省略，只涉及 MSTP 生成树配置信息
……
SWC (config)#spanning-tree

SWC (config)#spanning-tree mst configuration

SWC (config-mst)#instance 1 vlan 10

SWC (config-mst)#instance 2 vlan 20

SWC (config-mst)#name test

SWC (config-mst)#revision 1

SWC (config-mst)#exit


SWC (config)# interface fastEthernet 0/1

SWC (config-if)# switchport mode trunk

SWC (config)# interface fastEthernet 0/2

SWC (config-if)# switchport mode trunk

SWC (config)# exit


SWC #show spanning-tree mst configuration        ！查看 MSTP 的配置结果
……

SWC #show spanning-tree mst instance          ！查看特定实例的信息
……
```

知识拓展

本单元模块主要学习多生成树配置技术。从网络上搜索下生成树技术的发展历史，分别出现过哪些生成树技术？都分别解决哪些网络问题？

 认证测试

1. 以下属于生成树协议的有（　　　　）。

 A. IEEE802.1w

 B. IEEE802.1s

 C. IEEE802.1p

 D. IEEE802.1d

2. 以下对 802.3ad 说法正确的是（　　　　）。

 A. 支持不等价链路聚合

 B. 在 RG21 系列交换机上可以建立 8 个聚合端口

 C. 聚合端口既有二层聚合端口，又有三层聚合端口

 D. 聚合端口只适合百兆以上网络

3. 生成树协议端口的几种状态说法正确的是（　　　　）。

 A. 阻塞状态即不接收数据也不发送数据

 B. 侦听状态只接收 BPDU，不发送任何数据

 C. 学习状态接收 BPDU，发送 BPDU，转发数据

 D. 转发状态，正常处理所有数据

4. 请按顺序说出 802.1d 中端口由阻塞到转发状态变化的顺序（　　　　）。

 （1）listening　　　（2）learning　　　（3）blocking　　　（4）forwarding

 A. 3－1－2－4

 B. 3－2－4－1

 C. 4－2－1－3

 D. 4－1－2－3

5. STP 的最根本目的是（　　　　）。

 A. 防止"广播风暴"

 B. 防止信息丢失

 C. 防止网络中出现信息回路造成网络瘫痪

 D. 使网桥具备网络层功能

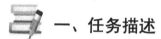

PART 7
任务 7
配置链路聚合技术，提高
骨干网络带宽

一、任务描述

浙江科技工程学校需要改造网络中心的交换机设备，需要重新安装交换机，增强网络的稳定性。为了增强骨干链路网络的稳定性，提供链路带宽，需要把所有核心交换机设备的骨干链路聚合，提高骨干网络带宽。

二、任务分析

安装在网络中心的骨干交换机设备为了增加网络稳定性，需要使用光纤连接骨干链路增强网络带宽，但这提高了网络的建设成本。为了减少网络的建设成本，可以直接使用骨干网络的链路聚合技术提高网络带宽。

三、知识准备

7.1 骨干网络的链路聚合技术

在许多交换机或交换机设备组成的网络环境中，通常都使用一些备份连接，以提高网络的健全性、稳定性。这种备份连接也叫备份链路、冗余链路等。

对于局域网交换机之间骨干链路，以及从核心交换机到接入交换机等高带宽需求服务的许多网络连接来说，100Mbit/s 甚至 1Gbit/s 的带宽已经无法满足网络的应用需求。

以太网组织委员会制定的链路聚合技术（也称端口聚合），可以有效帮助用户减少这种高带宽需求这种压力。制订于 1999 年的 802.3ad 标准，定义了如何将两条以上的以太网链路组合起来为高带宽网络连接，实现负载共享、负载平衡以及提供更好的冗余性。

7.2 IEEE 802.3ad 技术介绍

如图 7-1 所示，可以把多个物理接口捆绑在一起形成一个简单的逻辑接口，这个逻辑接口称为一个 Aggregate Port （以下简称 AP）。AP 聚合端口是链路带宽扩展的一个重要途径，它可以把多个端口的带宽叠加起来使用，例如全双工快速以太网端口形成的 AP 最大可以达到 800Mbit/s，或者千兆以太网接口形成的 AP 最大可以达到 8Gbit/s。

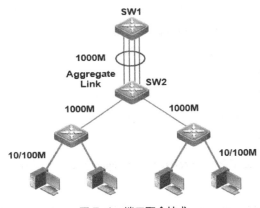

图 7-1　端口聚合技术

IEEE 802.3ad 标准适用于 10/100/1000Mbit/s 以太网。聚合在一起的链路，可以在一条单一逻辑链路上，组合使用上述传输速度，这就使用户在交换机之间有一个千兆端口，以及 3 或 4 个 100Mbit/s 端口时有更多的选择，以负担得起的方式逐渐增加带宽。

7.3　IEEE 802.3ad 技术优点

由于网络传输流被动态地分布到各个端口，因此在聚合链路中，自动地完成了对实际流经某个端口的数据的管理。

802.3ad 的另一个主要优点是可靠性。在链路速度可以达到 8Gbit/s 的情况下，链路故障将是一场灾难。关键任务交换机链路和服务器连接必须既具有强大的功能又值得信赖，即使一条电缆被误切断的情况下，它们也不会瘫痪，这正是 802.3ad 所具有的自动链路冗余备份的功能。

这项链路聚合标准在点到点链路上提供了固有的、自动的冗余性。换句话说，如果链路中所使用的多个端口中的一个端口出现故障，网络传输流可以动态地改向链路中余下的正常状态的端口进行传输。这种改向速度很快，当交换机得知媒体访问控制地址已经被自动地从一个链路端口重新分配到同一链路中的另一个端口时，改向就被触发。然后这台交换机将数据发送到新端口位置，并且在服务几乎不中断的情况下，保证网络继续运行。

总之，端口聚合将交换机上的多个端口在物理上连接起来，在逻辑上捆绑在一起，形成一个拥有较大宽带的端口，形成一条干路，可以实现均衡负载，并提供冗余链路。

7.4　配置链路聚合技术

通过全局配置模式下的 interface aggregateport 命令手工创建一个 AP 聚合端口。

无论二层、三层物理接口，当把接口加入一个不存在的 AP 时，AP 聚合端口会自动创建。

无论二层、三层物理接口，都可以使用接口配置模式下的 port-group 命令，将一个 AP 接口加入。

用户可以使用接口配置模式下的 port-group 命令，将一个以太网接口配置成一个 AP 的成员口。从特权模式出发，按以下步骤将以太网接口配置成一个 AP 接口的成员口。

在接口配置模式下使用 no port-group 命令删除一个 AP 成员接口。

下面的例子是将二层的以太网接口 0/1 和 0/2，配置成 2 层 AP 成员：

```
Switch# configure terminal
Switch(config)# interface range fasethernet 0/1-2
Switch(config-if-range)# port-group 1
Switch(config-if-range)# end
```

在全局配置模式下，使用命令 interface aggregateport n（n 为 AP 号），也可以直接创建一个 AP 聚合端口。

默认情况下，一个 aggregate port 是一个二层的 AP，如果要配置一个三层 AP，则需要进行下面的操作。

下面的例子是如何配置一个三层 AP 接口（AP 3），并且给它配置 IP 地址（192.168.1.1）：

```
Switch# configure terminal
Switch(config)# interface aggretegateport 3
Switch(config-if)# no Switchport
Switch(config-if)# ip address 192.168.1.1 255.255.255.0
Switch(config-if)# end
```

从特权模式出发，按下面步骤配置一个 AP 的流量平衡算法。

（1）configure terminal 进入全局配置模式。

（2）aggregateport load-balance {dst-mac |src-mac |ip} 设置 AP 的流量平衡，选择使用的算法。

- dst-mac 根据输入报文的目的 MAC 地址进行流量分配。在 AP 各链路中，目的 MAC 地址相同报文被送到相同的接口，目的 MAC 不同报文分配到不同接口。

- src-mac 根据输入报文的源 MAC 地址进行流量分配。在 AP 各链路中，来自不同地址的报文分配到不同的接口，来自相同的地址报文使用相同的接口。

- ip 根据源 IP 与目的 IP 进行流量分配。不同的源 IP/目的 IP 对的流量通过不同的端口转发，同一源 IP/目的 IP 对通过相同的链路转发，其他的源 IP/目的 IP 对通过其他的链路转发。在三层条件下，建议采用此流量平衡的方式。

要将 AP 的流量平衡设置恢复到默认，在全局配置模式下使用下面命令：

```
no aggregateport load-balance
```

可以在特权模式下显示 AP 设置。

```
Switch# show aggregateport load-balance
```

配置 aggregate port 的注意事项：

（1）组端口的速度必须一致；

（2）组端口必须属于同一个 VLAN；

（3）组端口使用的传输介质相同；

（4）组端口必须属于同一层次，并与 AP 也要在同一层次。

 四、任务实施

7.5 综合实训：配置链路聚合技术，提高骨干网络带宽

【网络场景】

如图 7-2 所示，网络中心的两台计算机分别连接到网络中心的两台核心交换机上。

两台核心交换机为了防止单链路容易造成故障，使用双线连接，形成冗余增强网络的稳定性，现在需要在两台交换机上分别配置快速生成树技术。为防单链路故障而使用双链路互连。由于使用生成树技术使一条链路阻塞，因而使用端口聚合技术且使用基于源 MAC 和目的 MAC 负载均衡。

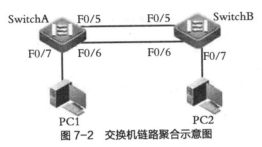

图 7-2 交换机链路聚合示意图

【设备清单】交换机（2 台）；测试计算机（2 台）；网线（若干）。

【实施过程】

1．物理接口加入聚合组

● SwitchA 的配置：

```
Ruijie#  configure terminal

Ruijie(config)# hostname SwitchA

SwitchA(config)# interface range fa 0/5-6

SwitchA(config-if-range)# port-group 1      ! 将接口加入 aggregateport 1

SwitchA(config-if-range)# exit

SwitchA(config)#
```

● SwitchB 的配置：

```
Ruijie# configure terminal

Ruijie(config)# hostname SwitchB

SwitchB(config)#  interface range fa 0/5-6

SwitchB(config-if-range)# port-group 1

SwitchB(config-if-range)# exit
```

2．配置端口聚合负载均衡

● SwitchA 的配置：

```
SwitchA(config)# aggregateport load-balance ?
  dst-ip              Destination IP address
  dst-mac             Destination MAC address
  help                Help information
  src-dst-ip          Source and destination IP address
  src-dst-ip-l4port   Source and destination IP address, source and destination
L4port
  src-dst-mac         Source and destination MAC address
  src-ip              Source IP address
  src-mac             Source MAC address
  src-port            Source port

SwitchA(config)# aggregateport load-balance src-dst-mac
SwitchA(config)#
```

● SwitchB 上的配置：

```
SwitchB(config)# aggregateport load-balance src-dst-mac
SwitchB(config)#
```

3．查看实际结果

```
Switch#  show aggregateport 1 load-balance      ! 查看AP 流量平衡
……

Switch#  show aggregateport 1 summary           ! 查看AP 概述信息
……

Switch#  show interface aggregateport 1         ! 查看AP 接口信息
……
```

 知识拓展

本单元模块主要学习链路聚合技术。和同学讨论下，在日常生活中，都有哪些方法可以提升网络的带宽，提高网速。

 认证测试

1．如何把一个物理接口加入到聚合端口组 1（　　　）。

    A．(config-if)#port-group

    B．(config)#port-group 1

    C．(config-if)#port-group 1

    D．#port-group 1

2. 聚合端口最多可以捆绑多少条相同带宽标准的链路（　　）。

    A. 2

    B. 4

    C. 6

    D. 8

3. 以下协议支持链路负载均衡的是（　　）。

    A. 802.1d

    B. 802.3ad

    C. 802.1w

    D. 802.11a

4. 以下对 802.3ad 说法正确的是（　　）。

    A. 支持不等价链路聚合

    B. 在 RG21 系列交换机上可以建立 8 个聚合端口

    C. 聚合端口既有二层聚合端口，又有三层聚合端口

    D. 聚合端口只适合百兆以上网络

5. 如何把一个物理接口加入到聚合端口组 1（　　）。

    A. (config-if)#port-group

    B. (config)#port-group 1

    C. (config-if)#port-group 1

    D. #port-group 1

任务 8
配置三层交换机，实现不同 VLAN 安全通信

 一、任务描述

浙江科技工程学校网络实训室中所有计算机设备之前连接在一台交换机上。由于很多台计算机在做实验、实训过程中，很多争用设备的情况，因此网络中心通过虚拟局域网技术，把机房中所有计算机划分小组，各组使用自己组的设备做实验，不抢其他组设备。

但虚拟局域网技术造成了各个小组之间的隔离，不能正常共享资料，因此需要通过三层技术，实现不同的虚拟局域网之间安全通信。

 二、任务分析

虚拟局域网 VLAN 技术是二层交换网络中的安全防范和隔离技术，实施 VLAN 技术之间的网络会隔离广播，但这也造成了之前互联互通的网络之间隔离。通过安装三层交换机设备，在该设备上实施三层交换的 SVI 技术，可以有效实现不同的虚拟局域网之间互联互通。

三、知识准备

8.1 二层交换技术

普通交换机也叫第 2 层交换机，或称为 LAN 交换机，替代集线器优化网络传输效率。二层交换机也是数据链路层设备，能把多个物理上 LAN 分段，互连成更大的网络。交换机也基于 MAC 地址对通信帧进行转发。由于交换机通过硬件芯片转发，所以交换速度快。

传统的局域网交换机是一台二层网络设备，通过不断收集信息去建立一个 MAC 地址表。当交换机收到数据帧时，它便会查看该数据帧目的 MAC 地址，核对 MAC 地址表，确认从哪个端口把帧交换出去，如图 8-1 所示。

当交换机收到一个"不认识"帧时，其目的 MAC 地址不在 MAC 地址表中，交换机便会把该帧"扩散"出去：除自己之外所有端口广播出去。广播传输特征暴露出传统局域网交换机弱点：不能有效解决广播、安全性控制等问题。为解决这个难题，产生二层交换机上 VLAN（虚拟局域网）技术。

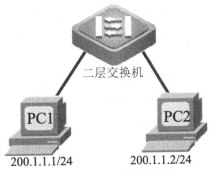

二层交换机

PC1
200.1.1.1/24

PC2
200.1.1.2/24

图 8-1 二层交换网络拓扑

8.2 三层交换技术

计算机网络中常说的第三层指 OSI 参考模型中的网络层。OSI 网络体系结构是计算机网络参考分层模型典范，该模型简化两台计算机通信中需要执行的任务，细分每层应有功能，描述了各层之间关系，定义网络中设备角色，规范了设备之间的通信过程，如图 8-2 所示。

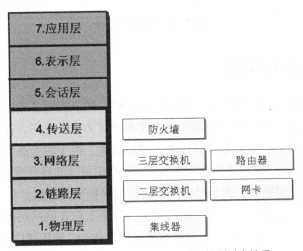

7.应用层	
6.表示层	
5.会话层	
4.传送层	防火墙
3.网络层	三层交换机　路由器
2.链路层	二层交换机　网卡
1.物理层	集线器

图 8-2 网络互联设备和 OSI 分层模型对应关系

三层交换技术发生在 OSI 模型第三层交换技术。传统交换技术是由电路交换技术发展而来，发生在 OSI 模型第二层。二层交换机收到一个数据帧后，查看 MAC 地址映射表，直接转发到对应端口。第三层交换发生在网络层，依据路由表转发信息。

8.3 三层交换工作原理

众所周知，传统交换技术是在 OSI 网络标准模型中第二层——数据链路层，而三层交换技术在网络模型中的第三层实现高速转发。简单地说，三层交换技术就是"二层交换技术+三层转发"。三层交换技术解决局域网网段划分后，网段中子网必须依赖路由器进行管理局面，解决了传统路由器低速、复杂所造成网络瓶颈问题。

一台三层交换设备，是一台带有第三层路由功能交换机。为了实现三层交换技术，交换机将维护一张"MAC 地址表"、一张"IP 路由表"以及一张包括"目的 IP 地址，下 一跳 MAC 地址"在内的硬件转发表。

如图 8-3 所示，当三层交换机接收到数据包时，首先解析出 IP 数据包中的目的 IP 地址，并根据数据包中的"目的 IP 地址"，查询硬件转发表，根据匹配结果进行相应的数据转发。这种采用硬件芯片或高速缓存支持的转发技术，可以达到线速交换。由于"IP 地址"属于 OSI 网络参考模型中的第三层（网络层），所以称为三层交换技术。

图 8-3　三层交换过程

8.4　认识三层交换机

三层交换机，本质上是带有路由功能二层交换机，可以将它看成一台路由器和一台二层交换机叠加。三层交换机将二层交换机和路由器两者优势结合起来，在各个层次提供线速转发。在一台三层交换机内，安装有交换模块和路由模块，由于内置路由模块与交换模块也使用 ASIC 硬件处理路由，与传统路由器相比，三层交换机可以实现高速路由。并且，路由与交换模块在交换机内部汇聚链接，由于是内部连接，确保相当大带宽。

三层交换通过三层交换设备实现，三层交换机也是工作在网络层设备，和路由器一样可连接任何网络。但和路由器的区别是，三层交换机在工作中，使用硬件 ASIC 芯片解析传输信号。通过使用先进 ASIC 芯片，三层交换机可提供远远高于路由器网络传输性能，如每秒 4000 万个数据包（三层交换机）对每秒 30 万个数据包（路由器），如图 8-4 所示。

图 8-4　三层交换机设备

近年来，随着宽带 IP 网络建设成为热点，三层交换机也开始定位于接入层或中小规模汇聚层的产品。三层交换机具有传统二层交换机没有的特性，这些特性给校园网和城域教育网建设带来许多好处，被大规模应用在校园网、企业网的核心网络中，承担了校园网和企业网络的高速转发和传输。在园区网络的组建，大规模使用三层交换机设备，如图 8-5 所示。三层交换机为吉比特、10 吉比特骨干网络搭建架构，提供园区网络中所需的路由性能，因此三层交换机部署在园区网络中，具有更高战略意义位置，可提供远远高于传统路由器的性能，非常适合网络带宽密集型以太网工作环境中应用。

图 8-5　10 吉比特骨干路由交换机

8.5　配置三层交换机

在交换网络中实施 VLAN 主要目的为了隔离广播，优化网络传输效率，但 VLAN 实施也造成网络中原有互相通信设备之间隔离，障碍了网络的互联互通的目标。按照 VLAN 属性，在二层交换机上配置 VLAN，不同 VLAN 内的主机不能互相通信。如果需要实现不同 VLAN 之间的通信，必须要使用三层路由设备才能实现。

实现不同的 VLAN 之间的通信，需要配置 VLAN 之间的路由，这就需要在网络中启用一台路由器或者三层交换机，才能形成路由。三层交换机像路由器一样，具有三层路由功能，因此可以利用三层交换机路由功能，来实现 VLAN 之间的通信。

在图 8-6 所示拓扑中，三层交换机上划分 VLAN 10 和 VLAN 20。VLAN 10 内某一台工作站 IP 地址为 192.168.1.10/24；VLAN 20 内某一台工作站 IP 地址为 192.168.2.10/24。由于划分二层 VLAN，造成二个不同 VLAN 之间隔离，VLAN 10 和 VLAN 20 内工作站之间不能通信。

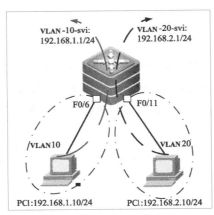

图 8-6　利用三层交换机实现 VLAN 间的通信

如何利用三层路由功能实现 VLAN 之间互访？

实现不同 VLAN 间通讯，采用三层交换机以及路由器设备来解决。在路由器上，使用单臂路由技术，在三层交换机上，使用 SVI 技术，都可以实现 VLAN 间的路由。区别是：使用单臂路由技术解决，速度慢（受到接口带宽限制）、转发速率低（路由器采用软件转发，转发速率比采用硬件转发方式的交换机慢），容易产生瓶颈。所以在实际网络安装中，一般都采用三层交换机，以三层交换方式来实现 VLAN 间路由。

具体实现方法是：在三层交换机上，创建各个 VLAN 虚拟接口（Switch virtual interface，SVI），并设置 IP 地址，作为其对应二层 VLAN 内设备网关。这里 SVI 接口是一种虚拟接口，作为一个虚拟网关，对应各个 VLAN 虚拟子接口，实现三层设备跨 VLAN 之间路由。

通过如下步骤，配置三层交换机的 SVI 接口，实现不同的 VLAN 之间互相通信。

为 VLAN 10 规划子网段 192.168.1.0/24，其 SVI 虚拟接口 IP 地址为 192.168.1.1/24。

为 VLAN 20 规划子网段 192.168.2.0/24，其 SVI 虚拟接口 IP 地址为 192.168.2.1/24。

将所有 VLAN 内主机网关，指向对应 SVI 的 IP 地址即可。

```
Switch#configure terminal
Switch(config)# interface vlan vlan-id              ! 进入 SVI 接口配置模式。
Switch(config-if)# ip address ip-address mask
                        ! 给 SVI 接口配置 IP 地址，作为 VLAN 内主机网关。
Switch#show running-config
Switch#show ip route
                        ! 检查配置 SVI 接口所在网段是否已经出现在路由表中。
```

注意：配置完成 SVI 接口所在网段，作为直连路由出现在三层交换机路表中；只有 VLAN 内有激活接口（即有主机连入 VLAN），该 SVI 接口所在网段才会出现在路由表中。

 四、任务实施

8.6 综合实训：配置三层交换机，实现不同 VLAN 安全通信

【网络场景】

如图 8-7 所示网络场景，是网络实训室网络连接的场景，为了减少各个小组计算机之间的网络干扰，需要实施小组之间网络隔离，减少设备争用情况。但虚拟局域网技术造成了各个小组之间的隔离，不能正常共享资料，因此需要通过三层技术，实现不同的虚拟局域网之间安全通信。

【设备清单】二层交换机（1 台）；三层交换机（1 台）；计算机（≥2 台）。

【工作过程】

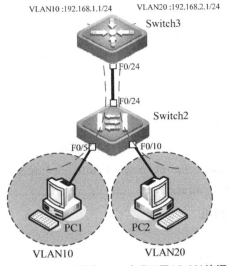

VLAN10 :192.168.1.1/24   VLAN20 :192.168.2.1/24

图 8-7 三层交换机 SVI 实现不同 VLAN 连通

【工作过程】

步骤 1——安装网络工作环境

按图 8-7 中的网络拓扑结构，连接设备组建网络环境，注意设备连接的接口标识。

步骤 2——IP 地址规划

规划客户服务部和公司的销售部办公网内部的管理地址，规划地址如表 8-1 所示。

表 8-1 办公网内部网络 IP 规划

序　号	设备名称	地址规划	网关地址	备　注
1	PC1	192.168.1.2/24	192.168.1.1	Fa0/1 接口
2	PC2	192.168.1.3/24	192.168.1.1	Fa0/2 接口
3	PC3	192.168.2.2/24	192.168.2.1	Fa0/3 接口
4	PC4	192.168.2.3/24	192.168.2.1	Fa0/4 接口
5	VLAN10	192.168.1.1/24		
6	VLAN20	192.168.2.1/24		

步骤 3——配置二层交换机

1. 配置二层交换机 VLAN

```
Switch2#configure terminal
Switch2(config)#vlan 10
Switch2(config-vlan)#vlan 20
Switch2(config-vlan)#end
```

2. 把接口分配到指定 VLAN 中

```
Switch2#configure terminal
Switch2(config)#interface fastethernet 0/5        ! 把端口划分到 VLAN
```

```
Switch2(config-if-range)#switch access vlan 10
Switch2(config-if-range)#interface fastethernet 0/10
Switch2(config-if-range)#switch access vlan 20
Switch2(config-if-range)#end
```

3．设置上联口为干道端口

```
Switch2#configure terminal
Switch2(config)#interface fastethernet0/24
Switch2(config-if)#switchport mode trunk      ！设置为干道端口
Switch2(config-if)#no shutdown
```

步骤 4——配置三层交换机

```
Switch3#configure terminal
Switch3(config)#vlan 10
Switch3 (config-vlan)#vlan 20

Switch3 (config-vlan)#interface vlan 10
Switch3 (config-if-VLAN 10)#ip address 192.168.1.1 255.255.255.0
Switch3 (config-if-VLAN 10)#no shutdown

Switch3 (config-if-VLAN 10)#interface vlan 20
Switch3 (config-if-VLAN 20)#ip address 192.168.2.1 255.255.255.0
Switch3 (config-if-VLAN 20)#no shutdown
Switch3 (config-if-VLAN 20)#exit

Switch3 (config)#interface fastethernet0/24
Switch3 (config-if-FastEthernet 0/24)#switch mode trunk
Switch3 (config-if-FastEthernet 0/24)#no shutdown
```

步骤 5——设置 PC 机 IP 地址和网关

打开测试计算机 "网络连接"，选择 "常规" 属性中 "Internet 协议（TCP/IP）" 项。按 "属性" 按钮，根据表 8-1 中办公网中 IP 地址规划表，重新修改 PC 机 IP 地址，因为涉及和外网通信，需要设置相应网关(VLAN 作为网关)信息。

步骤 6——网络连通测试

配置好所有计算机管理 IP 地址后，可以使用 "Ping"，来检查通过三层交换机 SVI 技术，实现不同部门的 VLAN 之间的互相连通。

打开计算机开始菜单，"开始->运行" 栏中输入 CMD 命令，转到命令操作状态，输入 "Ping IP" 命令，测试分别代表不同部门的 VLAN 中二台 PC 连通性。

测试结果表明，通过三层交换机的 SVI 技术，提供直连路由技术，能实现不同部门的 VLAN 之间的互相连通。

知识拓展

本单元模块主要介绍三层交换机的 SVI 路由技术。在网络上查找资料，了解如何通过配置路由器的单臂路由技术，也可以实现不同的 VLAN 之间的互联互通。

认证测试

1. 三层交换机在转发数据时，可以根据数据包的（   ）进行路由的选择和转发。

    A. 源 IP 地址

    B. 目的 IP 地址

    C. 源 MAC 地址

    D. 目的 MAC 地址

2. 在企业内部网络规划时，下列哪些地址属于企业可以内部随意分配的私有地址？（   ）

    A. 172.15.8.1

    B. 192.16.8.1

    C. 200.8.3.1

    D. 192.168.50.254

3. 在企业网规划时，选择使用三层交换机而不选择路由器的原因中，不正确的是（   ）。

    A. 在一定条件下，三层交换机的转发性能要远远高于路由器

    B. 三层交换机的网络接口数相比路由器的接口要多很多

    C. 三层交换机可以实现路由器的所有功能

    D. 三层交换机组网比路由器组网更灵活

4. 下列的 IP 地址，哪个可以正确地分配给主机使用？（   ）

    A. 192.168.1.256

    B. 224.0.0.1

    C. 172.16.0.0

    D. 10.8.5.1

5. 三层交换机中的三层表示的含义不正确的是（   ）。

    A. 是指网络结构层次的第三层

    B. 是指 OSI 模型的网络层

    C. 是指交换机具备 IP 路由、转发的功能

    D. 和路由器的功能类似

PART 9

项目 9
配置三层交换机，实现
不同子网通信

 一、任务描述

浙江科技工程学校多媒体实训中心机房，为了避免各个多媒体教室之间互相干扰，按教室分别在二层接入交换机上实施 VLAN 技术，把多媒体教室隔离成独立的工作组网络。但二层 VLAN 隔离技术，造成了网络管理和互联互通麻烦，网络中心希望使用三层交换技术改造网络，通过子网技术实现互联互通。

 二、任务分析

VLAN 技术是在二层交换机上实施的广播隔离技术，但 VLAN 技术也造成了不同 VLAN 中不能互相连通的状况。如果需要实现连通，就需要使用三层交换机给予帮助连通。

可以直接在三层交换机上实施三层子网技术，三层设备具有的子网技术，能直接在三层上产生既互相隔离又互相连通的效果，解决问题的方法更加简单。

三、知识准备

9.1 认识三层交换机设备

普通交换机也叫第 2 层交换机，或称为 LAN 交换机，替代集线器优化网络传输效率。交换机也连接 LAN 分段，利用一张 MAC 地址表来分流帧，从而减少通信量，因此二层交换机的处理速度比集线器要高得多。

三层交换机，本质上是带有路由功能二层交换机，可以将它看成一台路由器和一台二层交换机叠加。三层交换机将二层交换机和路由器两者优势结合起来，在各个层次提供线速转发。如图 9-1 所示，在一台三层交换机内，安装有交换模块和路由模块，由于内置路由模块与交换模块也使用 ASIC 硬件处理路由，与传统路由器相比，三层交换机可以实现高速路由。路由与交换模块在交换机内部汇聚链接，由于是内部连接，确保相当大带宽。

图 9-1　多层交换机设备

9.2　三层子网技术

　　Internet 组织机构定义了五种 IP 地址，有 A、B、C 三类地址。A 类网络有 126 个，每个 A 类网络有 16777214 台主机，它们处于同一广播域。而在同一广播域中有这么多节点，网络会因为广播通信而饱和，结果造成网络的堵塞。

　　可以把基于类的 IP 网络，进一步分成更小的网络，每个子网由路由器界定，并分配一个新的子网网络地址。子网地址是借用基于类的网络地址主机部分创建，划分子网后，通过使用子网掩码，把子网隐藏起来，使得从外部看网络没有变化，这就是子网掩码。

　　从网络安全的角度考虑，为了隔离局域网内部部门网络之间的通信流量，需要将网络分段，可以使用之前学习的虚拟局域网技术，也可以使用子网技术，即通过划分子网的方法隔离局域网内部的通信流量，可以获得减少网络流量，提高网络性能，简化管理和易于扩大地理范围的效果。

9.3　划分三层子网方法

　　从单个网络运行的经济性和简单性考虑，根据实际网络大小需要，使用子网划分技术更为有效。子网技术就是将网络分段，即分成许多子网，这样隔离了各子网之间的通信量。这里的网段，是指具有相同网号的一个子网的主机地址范围。如在一个子网内的所有机器，具有相同的网号，或者说这些机器都在同一个"网段"内。

　　为了隔离网段，有如下的一些解决方法。

　　（1）用二层交换机的虚拟局域网技术隔离这些网段。二层交换机可以转发需要通过网段的数据包。该方法快速且相对廉价，但缺乏灵活性。

　　（2）用路由器隔离这些网段。路由器可以隔离、控制、转发网络之间的通信量，对简单子网来说，既不经济又增加复杂性。

　　（3）用三层交换机隔离这些网段。在三层交换机上启用路由功能，隔离、控制、转发网络之间的通信量，在一个交换网络，能获得比路由器更高的传输速度和转发性能。

如果将一个网络划分成若干个子网，就可以使 IP 地址应用更加有效。将原有同处于同一个网段上的主机，分成不同的网段或子网，同时也将原来的一个广播域，划分成了若干个较小的广播域。

如将一个 B 类地址的 172.16.0.0/16 这个网络号，被划分子网后变成了 172.16.1.0/24。也就是说，作为网络号的位数增加了。由原来的 16 位变成了 24 位。通常将增加了的网络位称之为子网号位。子网号（subnet-id）是网络号的一个延伸，网络管理者可以根据需要决定子网号位数。划分子网的方法是从网络的主机号借用若干比特作为子网号，而主机号也就相应减少了若干比特。于是，IP 寻址就分为三部分构成：主类网络号、子网号和主机号。

9.4 配置三层交换机路由功能

二层交换技术，只要连接上设备，启动后，不需要任何配置就可以工作。

和二层交换功能不同的是，三层交换机默认启动二层交换功能，其三层交换功能需要配置后，才能发挥作用。通过如下命令可以配置三层交换机三层交换功能。

```
Switch#configure terminal
Switch(config)# interface vlan vlan-id              !进入 SVI 接口配置模式。
Switch(config-if)# ip address ip-address mask
                            !开启三层交换功能，这些地址作为各 VLAN 内主机网关。


Switch(config)# interface interface-id              !进入三层交换机的接口配置模式。
Switch(config-if)#no switch              !开启该接口的三层交换功能
Switch(config-if)# ip address ip-address mask
                  !给指定的接口配置 IP 地址，这些 IP 地址作为各个子网内主机网关。


Switch#show running-config              !检查一下刚才的配置是否正确。
Switch#show ip route              !查看三层设备上的路由表。
```

所有的命令都有"no"功能选项。使用"no"命令选项，可以清除三层接口上 IP 地址，可以把三层接口还原为二层交接接口。

```
Switch#configure terminal
Switch(config)#interface fastethernet 0/4
Switch(config-if)#no ip address              !使用 no 命令清除三层接口上地址
Switch(config-if)#switch              !把三层接口还原为二层交换接口功能
```

图 9-2 所示的场景，是某办公网中使用一台三层交换机连接的两个部门网络的场景，分别使用计算机 PC1 和 PC2 代表其部门的任意一台计算机，使用三层交换功能实现不同的子网的三层通信功能。

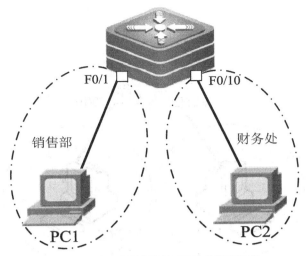

图 9-2　不同子网络连接三层交换工作场景

三层交换机设备加电激活后，自动生成交换网络，但需要配置其连接不同子网接口的路由功能，开启交换机接口路由功能，为所有接口配置所在网络的接口地址。

```
Switch#configure terminal
Switch (config)#interface fastethernet 0/1
Switch (config-if) #no switching          ! 开启三层交换机接口的路由功能
Switch (config-if) #ip address 172.16.1.1 255.255.255.0
                                          ! 配置三层交换机接口地址
Switch (config-if) #no shutdown

Switch (config)#interface fastethernet 0/10
Switch (config-if) #no switching
Switch (config-if) #ip address 172.16.2.1 255.255.255.0
Switch (config-if) #no shutdown
```

 四、任务实施

9.5　综合实训：配置三层交换机，实现不同子网通信

【网络场景】

浙江科技工程学校多媒体实训中心机房，为了避免各个多媒体教室之间互相干扰，使用三层交换技术改造网络，通过子网技术实现互联互通，如图 9-3 所示。

【设备清单】三层交换机（1 台）；网线（若干根）；测试 PC（2 台）。

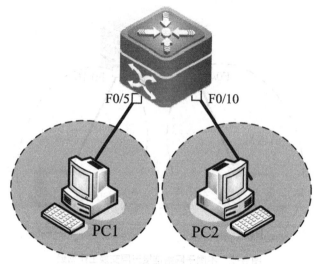

F0/5 F0/10

PC1 PC2

图 9-3　不同子网络网络工作场景

【工作过程】

步骤 1——连接设备

（1）使用网线组建如图 9-3 所示网络拓扑，在工作现场连接设备，注意接口信息。

（2）使用配置线缆，连接仿真终端计算机配置端口上，进行三层交换机配置操作。

步骤 2——配置三层交换机接口地址信息

如图 9-3 所示的多媒体实训中心机房不同子网络连接的网络场景，三层交换机的每个接口都必须单独占用一个网段，三层交换机经过配置如表 9-1 中地址信息后，即可在互连设备中生成直连路由信息，实现直连网段之间的通信。

表 9-1　三层交换机接口所连接网络地址

接　口	IP 地址	目标网段
Fastethernet 0/1	172.16.1.1	172.16.1.0
Fastethernet 0/10	172.16.2.1	172.16.2.0
PC1	172.16.1.2/24	172.16.1.1（网关）
PC2	172.16.2.2/24	172.16.2.1（网关）

三层交换机设备加电激活后，自动生成一个交换网络，但需要配置其连接不同子网接口的路由功能，开启交换机接口路由功能，为所有接口配置所在网络的接口地址。

```
Switch#configure terminal

Switch(config)#hostname Switch

Switch (config)#interface fastethernet 0/5

Switch (config-if) #no switching           ！开启三层交换机接口的路由功能

Switch (config-if) #ip address 172.16.1.1 255.255.255.0

                                           ！配置三层交换机接口地址

Switch (config-if) #no shutdown
```

```
Switch (config)#interface fastethernet 0/10
Switch (config-if) #no switching                    ! 开启三层交换机接口的路由功能
Switch (config-if) #ip address 172.16.2.1 255.255.255.0        ! 配置接口地址
Switch (config-if) #no shutdown
```

步骤3——查看三层交换机路由表

通过以上配置操作以后，三层交换机激活路由接口，自动产生直连路由，相应三层交换机路由表，通过 show ip route 命令查询，如下所示：

```
Switch# show ip route                              ! 查看三层交换机路由表信息
......
```

步骤4——测试网络连通性

（1）打开 PC1 测试计算机的"网络连接"，选择"常规"属性中"Internet 协议（TCP/IP）"项，配置如表 9-1 中地址信息。

（2）配置好计算机 IP 地址后，使用"ping"命令，来检查网络连通情况。打开计算机，"开始->运行"栏中输入 CMD 命令，转到命令操作状态，如图 9-4 所示。

图9-4　进入命令管理状态

在计算机操作系统命令操作状态，输入"ping"命令，测试网络连通性。

```
Ping 172.16.1.1            ! 测试本地机和网关的连通
...... (OK!)
Ping 172.16.2.2            ! 测试本地机和远程机器的连通
...... (OK!)
```

测试结果表明，通过三层交换机直接连接的两个网络，通过三层交换机的直连路由实现连通。测试结果若出现不能连通的测试信息，则表述组建的网络未通，有故障，需检查网卡、网线和 IP 地址，排除网络故障。

 知识拓展

本单元模块主要介绍三层交换机的子网技术。从网络上查询更多的三层交换机设备的专业知识，了解三层交换机和二层交换机详细区别有哪些，阅读具体的三层交换机的产品文档。

认证测试

1. MAC 地址通常存储在计算机的（   ）。

   A. 内存中

   B. 网卡上

   C. 硬盘上

   D. 高速缓冲区中

2. 使用 ping 命令 ping 另一台主机，就算收到正确的应答，也不能说明（   ）。

   A. 目的主机可达

   B. 源主机的 ICMP 软件和 IP 软件运行正常

   C. ping 报文经过的网络具有相同的 MTU

   D. ping 报文经过的路由器路由选择正常

3. 下面关于以太网的描述哪一个是正确的（   ）。

   A. 数据是以广播方式发送的

   B. 所有节点可以同时发送和接收数据

   C. 两个节点相互通信时，第三个节点不检测总线上的信号

   D. 网络中有一个控制中心，用于控制所有节点的发送和接收

4. 下列哪种说法是错误的（   ）。

   A. 以太网交换机可以对通过的信息进行过滤

   B. 以太网交换机中端口的速率可能不同

   C. 在交互式以太网中可以划分 VLIN

   D. 利用多个太网交换机组成的局域网不能出现环路

5. 每个（   ）分段连接到一个（   ）端口只能被分配到同一 VLAN。

   A. 交换机；集线器

   B. 集线器；路由器

   C. 集线器；交换机

   D. 局域网；集线器

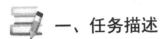

 一、任务描述

浙江科技工程学校需要改造网络中心的网络，为了实现学校内部网络接入外部互联网，使用高功效的路由器设备充当外网接入设备，实现不同网络之间互相通信。

 二、任务分析

安装在校园网络中的三层交换机设备，可以实现校园内部不同子网之间互相通信，快捷、高速。但针对不同类型的网络场景，如校园网络和互联网之间的通信，工作在网络层的路由器设备具有比三层交换机更优秀的通信功能，能有效实现不同类型的网络之间互相联通。

三、知识准备

10.1 认识路由器设备

路由器是一种连接多个不同网络或子网段的网络互连设备，如图 10-1 所示。路由器中的"路由"是指在相互连接的多个网络中，信息从源网络移动到目标网络的活动。一般来说数据包在路由过程中，经过一个以上的中间节点设备。路由器为经过其上的每个数据包寻找一条最佳传输路径，以保证该数据有效、快速地传送到目的计算机。

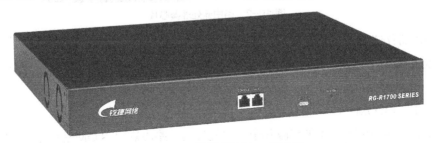

图 10-1　网络层的设备——路由器

路由器就是互联网中的中转站，网络中的数据包通过路由器转发到目的网络。

在路由器的内部都有一个路由表，这个路由表中包含有该路由器知道的目的网络地址以及通过此路由器到达这些网络的最佳路径，如某个接口或下一跳的地址，正是由于路由表的存在，路由器可以依据它进行转发。

当路由器从某个接口中收到一个数据包时，路由器查看数据包中的目的网络地址，如果发现数据包的目的地址不在接口所在的子网中，路由器查看自己的路由表，找到数据包的目的网络所对应的接口，并从相应的接口转发出去。

10.2　路由器设备组成

组成路由器的硬件结构包括：内部的处理器、存储器和各种不同类型接口。操作系统控制软件是控制路由器硬件工作的核心，如锐捷路由器中安装 RGNOS 系统。

1．路由器处理器

路由器也包含有一个中央处理器，CPU 的能力直接影响路由器传输数据的速度。路由器 CPU 的核心任务是实现路由软件协议运行，提供路由算法，生成、维护和更新路由表功能，负责交换路由信息、路由表查找以及转发数据包。

随技术的不断更新和发展，今天路由器中许多工作任务都通过专用硬件芯片来实现，高端路由器中，通常增加一块负责数据包转发和路由表查询的 ASIC 芯片硬件设备，以提高路由器的工作效率，在一定程度上也减轻 CPU 的工作负担，如图 10-2 所示。

图 10-2　路由器处理器芯片

2．路由器存储器

路由器中使用了多种不同类型存储器，以不同方式协助路由器工作。这些存储器包括：只读内存、随机内存、非易失性 RAM、闪存。

● 只读内存 ROM

ROM 是只读存储器，不能修改其中存放的代码。路由器中 ROM 的功能与计算机中的 ROM 相似，主要用于路由器操作系统初始化，路由器启动时引导操作系统正常工作。

● 随机存储器 RAM（Rndom Access Memory）

RAM 是可读写存储器，在系统重启后将被清除。RAM 运行期间暂时存放操作系统和一些数据信息，包括系统配置文件（Running-config）、正在执行的代码、操作系统程序和一些临时数据，以便让路由器能迅速访问这些信息。

● 非易失性存储器 NVRAM （Non-Volatile Random Access Memory）

NVRAM 也是可读写存储器，在系统重新启动后仍能保存数据。NVRAM 仅用于保存启动配置文件（Startup-Config），容量小，速度快，成本也比较高。

● 闪存 Flash

闪存是可读写存储器，在系统重新启动后仍能保存数据。Flash 中存放着运行操作系统。

3．路由器接口

接口是路由器连接链路物理接口，接口通常由线卡提供，一块线卡一般能支持 4、8 或 16 个接口。接口具有的功能有：

（1）进行数据链路层的数据的封装和解封装；

（2）在路由表中查找输入数据包目的 IP 地址，以转发到目的接口。

10.3　认识路由器丰富接口类型

路由器具有强大的网络连接功能，可以与各种不同网络进行物理连接，这就决定了路由器的接口非常复杂，越高档的路由器接口种类越多，所能连接的网络类型也越丰富。路由器的接口主要分为局域网接口、广域网接口和配置接口三类，如图 10-3 所示。

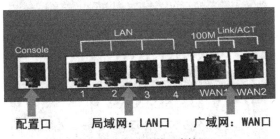

图 10-3　路由器的三类接口

1．局域网接口

局域网接口主要用于路由器与局域网连接，主要为常见以太网 RJ-45 接口，如图 10-4 所示，采用双绞线作为传输介质连接网络。

图 10-4　路由器和以太网连接 RJ-45 接口

2．广域网接口

路由器与广域网连接的接口称为广域网接口（也称 WAN 口），路由器更重要的应用是提供局域网与广域网、广域网与广域网间连接，常见广域网接口有以下 3 种。

（1）SC 接口：SC 接口也就是常说的光纤接口，光口一般固化在高档路由器上，普通路由器需要配置光纤模块才具有，如图 10-5 所示。

图 10-5　路由器光纤模块

（2）高速同步串口（Serial）：在和广域网的连接中，应用最多的是高速同步串口，如图 10-6 所示。同步串口通信速率高，要求所连接网络的两端，执行同样技术标准。

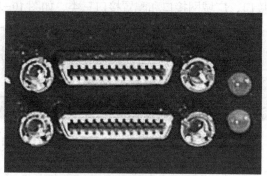

图 10-6　路由器的 Serial 接口

（3）异步串口（ASYNC）：异步串口主要应用于 Modem 的连接，如图 10-7 所示，实现计算机通过公用电话网拨入远程网络。异步接口并不要求网络的两端保持实时同步标准，只要求能连续即可，因此通信方式简单便宜。

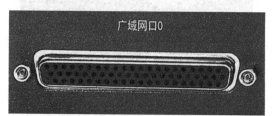

图 10-7　路由器的 ASYNC 接口

3．配置接口

路由器的配置接口一般有两种类型，分别是 Console 类型和 AUX 类型，如图 10-8 所示，用来和计算机连接对路由器进行配置。

（1）Console 接口：使用配置线缆连接计算机的串口，利用终端仿真程序，进行本地配置，首次配置路由器必须通过控制台 Console 接口进行。

（2）AUX 接口：AUX 口为异步接口，与 MODEM 进行连接，用于远程拨号连接远程配置路由器。一般路由器会同时提供 AUX 与 Console 两个配置接口，以适用不同的配置方式。

图 10-8　配置接口 Console 和 AUX

10.4　配置路由器方式

与交换机一样，路由器对连接网络具有管理性，也主要依赖设备 IOS 操作系统驱动，其连接、配置模式以及配置命令和交换机相似。和交换机不一样是，路由器必须经过配置后才能正常工作。各种不同品牌路由器配置方法虽有所区别，但过程和原理基本相似。

1．配置路由器的模式

安装在网络中路由器必须进行初始配置，才能正常工作。对路由器设备配置需要借助计算机，如图 10-9 所示，和配置交换机设备一样，一般配置过程有以下 5 种方式：

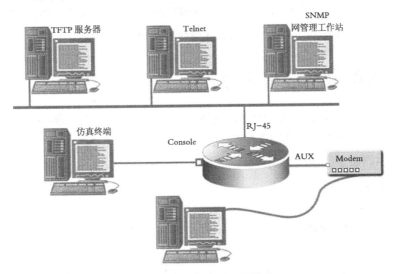

图 10-9　配置路由器的模式

- 通过 PC 与路由器设备 Console 口直接相连；
- 通过 Telnet 对路由器设备进行远程管理；
- 通过 Web 对路由器设备进行远程管理；
- 通过 SNMP 管理工作站对路由器设备进行管理；
- 通过路由器 Aux 接口连接 Modem 远程配置管理模式。

2．通过带外方式管理路由器

第一次使用路由器，必须通过 Console 口方式对路由器进行配置。具体的连接过程、启用仿真终端的方法、操作步骤和第三单元通过 Console 口配置交换机相同。由于不该种配置方式不占用设备的资源，因此又称为带外管理设备方式。

3．路由器命令模式

在进行路由器配置时，也有多种不同的配置模式。不同的命令对应不同的配置模式，不同配置模式也代表着不同的配置权限。和交换机设备一样，路由器也同样具有 3 种配置模式。

（1）用户模式：Router ＞

在该模式下用户只具有最低权限，可以查看路由器的当前连接状态，访问其他网络和主机，但不能看到和转发路由器的设置内容。

（2）特权模式：Router ＃

在用户模式的提示符下，输入 enable 命令即可进入特权模式。该模式下用户命令常用来查看配置内容和测试，输入 exit 或 end 即返回到用户模式。

（3）配置模式：Router（config）＃

在特权模式 Router ＃ 提示符下输入 configure terminal 命令，便出现全局模式提示符。用户可以配置路由器的全局参数。在全局配置模式下产生其他几种子模式分别为：

（1）Router（config-if）＃　　　　　　! 接口配置模式；
（2）Router（config-line）＃　　　　　 ! 线路配置模式；
（3）Router（config-router）＃　　　　 ! 路由配置模式。

正确理解不同的命令配置模式状态，对正确配置路由器非常重要。在任何一级模式下都可以用 exit 命令返回到上一级模式，输入 end 命令直接返回到特权模式。

10.5　配置路由器常用命令

路由器的 IOS 是一个功能强大的操作系统，特别在一些高档路由器中，更具有相当丰富的操作命令，下面介绍路由器常用操作命令。

- 配置路由器命令行操作模式转换。

```
Router>enable                          ! 进入特权模式
Router#
Router#configure terminal              ! 进入全局配置模式
Router(config)#
Router(config)#interface fastethernet 1/0     ! 进入路由器 F1/0 接口模式
```

```
Router(config-if) #
Router(config-if)#exit                           ! 退回到上一级操作模式
Router(config)#
Router(config-if)#end                            ! 直接退回到特权模式
Router#
```

● 配置路由器设备名称。

```
Router# configure terminal
Router(config)#hostname RouterA                  ! 把设备的名称修改为 RouterA
RouterA(config)#
```

● 显示命令。

显示命令就是用于显示某些特定需要的命令，以方便用户查看某些特定设置信息。

```
Router # show version                        ! 查看版本及引导信息
Router # show running-config                  ! 查看运行配置
Router # show startup-config                  ! 查看保存在的配置文件
Router # show interface type number    ! 查看接口信息
Router # show ip route                   ! 查看路由信息
Router#write memory                      ! 保存当前配置到内存
Router#copy running-config startup-config
                            ! 保存配置，将当前配置文件拷贝到初始配置文件中
```

● 路由器 A 端口参数的配置。

```
Router # configure terminal
Router(config)#hostname Ra
Ra(config)#interface serial 1/2                      ! 进行 s1/2 的端口模式
Ra(config-if)#ip address 1.1.1.1 255.255.255.0   ! 配置端口的 IP 地址
Ra(config-if)#clock rate 64000              ! 在 DCE 接口上配置时钟频率 64000Hz
Ra(config-if)#bandwidth 512                  ! 配置端口的带宽速率为 512Kbit/s
Ra(config-if)#no shutdown                    ! 开启该端口，使端口转发数据
```

● 配置路由器密码命令。

```
Router # configure terminal
Router (config) # enable password  ruijie              ! 设置特权密码
Router (config) #exit
Router # write                                    ! 保存当前配置
```

● 配置路由器每日提示信息。

```
Router(config)#banner motd  &            ! 配置每日提示信息 &为终止符
2006-04-14 17:26:54  @5-CONFIG:Configured from outband
Enter TEXT message. End with the character '&'.
Welcome to RouterA,if you are admin,you can config it.
```

```
If you are not admin,please EXIT          ! 输出描述信息
&                                          ! 输入&符号终止输入
```

四、任务实施

10.6 综合实训：配置路由器，实现不同网络通信

【网络场景】

浙江科技工程学校需要改造网络中心的网络，为了实现学校内部网络接入互联网，使用高功效的路由器设备充当外网接入设备，实现不同网络互相通信。图 10-10 所示网络拓扑，是学校目前校园网连接互联网场景，多边连接互联网场景。希望通过直连路由技术，实现校园网接入互联网。

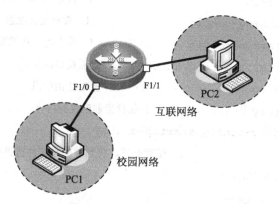

图 10-10 不同网络工作场景

【设备清单】路由器（1 台）；网线（若干根）；测试 PC（2 台）。

【工作过程】

步骤 1——连接设备

使用网线，如图 10-10 所示网络拓扑，连接设备，注意接口信息。

步骤 2——配置路由器接口地址

如图 10-10 所示不同子网连接场景，配置路由器如表 10-1 中地址后，即可生成直连路由，实现直连网段通信。

表 10-1 路由器接口连接网络

接　　口	IP 地址	目标网段
Fastethernet 1/0	172.16.1.1	172.16.1.0
Fastethernet 1/1	172.16.2.1	172.16.2.0
PC1	172.16.1.2/24	172.16.1.1（网关）
PC2	172.16.2.2/24	172.16.2.1（网关）

为所有接口配置所在网络的接口地址。

```
Router#configure terminal
Router(config)#hostname Router
Router (config)#interface fastethernet 1/0
Router (config-if) #ip address 172.16.1.1 255.255.255.0      ! 配置接口地址
Router (config-if) #no shutdown

Router (config)#interface fastethernet 1/1
Router (config-if) #ip address 172.16.2.1 255.255.255.0      ! 配置接口地址
Router (config-if) #no shutdown
Router (config-if)#end
```

步骤 3——查看路由表

路由器经过配置地址信息后，即可在互连设备中生成直连路由信息，从而实现直连网段之间的通信，路由表通过 "show ip route" 命令查询如下所示。

```
Router# show ip route                                      ! 查看路由表信息
Codes: C - connected, S - static, R - RIP
       O - OSPF, IA - OSPF inter area
       N1 - OSPF NSSA external type 1, N2 - OSPF NSSA external type 2
       E1 - OSPF external type 1, E2 - OSPF external type 2
       * - candidate default
Gateway of last resort is no set
C    172.16.1.0/24  is directly connected, FastEthernet1/0    ! 生成直连路由
C    172.16.2.0/24  is directly connected, FastEthernet1/1
```

步骤 4——测试网络的连通性

分别给代表校园网和互联网中计算机 PC1 和 PC2 设备，配置如表 10-1 中地址信息后，通过 ping 测试命令，可以获得不同类型网络之间的连通。

 知识拓展

本单元模块主要介绍路由器设备的基础知识。从互联网上查找资料，比较工作在网络层的路由器设备和三层交换机设备的异同点，并分别描述在日常生活中，两种设备的安装环境和工作环境的区别。

 认证测试

1. 下面的接口哪一个是路由器特有，而交换机没有的是（   ）。

    A. AUX 接口   B. 多模光纤接口

    C. 以太网接口   D. Console 口

2. 查看路由表信息的命令是（   ）。

    A. A#show ip route list

    B. RA(config)#show ip route

    C. RA#show ip route

    D. RA(config)#show ip route list

3. 删除路由器 NVRAM 内配置文件的命令是（   ）。

    A. delete flash:config.text

    B. delete startup-config

    C. erase flash

    D. erase startup-config

4. 当要配置路由器的接口地址时应采用哪个命令？（   ）

    A. ip address 1.1.1.1 netmask 255.0.0.0

    B. ip address 1.1.1.1/24

    C. set ip address 1.1.1.1 subnetmask 24

    D. ip address 1.1.1.1 255.255.255.248

5. 路由协议中的管理距离，是告诉我们这条路由的（   ）。

    A. 可信度的等级

    B. 路由信息的等级

    C. 传输距离的远近

    D. 线路的好坏

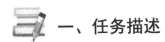

任务11 配置静态路由，实现非直连子网之间通信

一、任务描述

浙江科技工程学校因为规模发展需要，和附近的浙江高级技工学校合并为一所学校。

为实现统一管理，共享信息资源，网络中心决定把两个校区网络连接为一个整体。由于新并入学校建有自己独立的网络，使用和学校不同的子网规划地址。网络中心希望在不改变并入中专学校网络现状情况下，通过静态路由实现两个校园网络连通。

二、任务分析

给路由器接口配置地址会生产直连路由，实现直连网络的互相连通。但在多台路由器连接的网络环境中，有很多非直连网络存在，这就需要通过动态路由或者静态路由实现连通。

其中，静态路由是指由网络管理员手工配置的路由信息。当网络的拓扑结构或链路的状态发生变化时，网络管理员需要手工去修改路由表中相关的静态路由信息。由于静态路由不能对网络的改变做出反映，一般用于规模不大、拓扑结构固定的网络中。

三、知识准备

11.1 什么是路由

交换（Switch）是通信两端传输信息需要，用人工或设备自动完成的方法，把要传输的信息送到符合要求相应设备上的技术统称。而路由（Router）是把信息从源穿过网络，传递到目的的行为，在这条路径上，至少遇到一个中间节点。路由发生在第三层（网络层）。

路由包含两个基本的动作，即确定最佳路径和通过网络传输信息，后者也称为数据转发。数据转发相对来说比较简单，而选择路径很复杂。

图11-1所示网络拓扑，是计算机A和计算机C通过路由器相连。A向C发送的数据经过路由器转发才可到达。在A到C的路由过程中，有几点是必须首先解决。

（1）A是如何将发送至C的数据转发至路由器R1？

（2）R1如何决定将发往C的数据转发至R2?

（3）R2如何实现数据最终与C的连接?

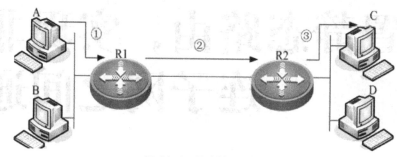

图 11-1　路由过程示例

11.2　路由工作原理

网络互联的方式有很多种，如果仅仅是实现网络中的设备扩展性质的互联起来，直接使用二层交换机设备，即可达到网络互联效果。但如果需要把不同子网，或者把不同类型的网络互联起来，就需要使用三层路由设备，即三层交换机或者路由器。

当 IP 子网中的一台主机，需要发送一个 IP 分组，给同一 IP 子网的另一台主机时，它将直接把 IP 分组送到网络上；由于在同一个子网中，通过广播对方就能收到。

而要一个 IP 分组，发送给不同 IP 子网上的主机时，发送主机通过目标 IP 地址与子网掩码运算，判断通信双方不在同一子网。因此数据分组将被转发至发送主机的默认网关，也就是它要选择一台能到达目的子网的三层路由设备。

该 IP 分组首先被转送给默认网关，也即三层路由设备时，由路由设备负责把 IP 分组送到目的地。如果没有找到这样的路由设备，主机就把 IP 分组送给一个称为"默认网关"（default gateway）的路由设备上。

11.3　认识路由表

在路由器的内部都有一个路由表（Routing Table），供数据包路由时选择。路由表中保存着到达各子网的标志信息，即路由标识、获得路由方式、目标网络、转发路由器地址和经过路由器的台数等内容，如图 11-2 所示。

```
RouterA#show ip route  !! 查看路由器路由表信息
Codes: C - connected, S - static, R - RIP
       O - OSPF, IA - OSPF inter area
       N1 - OSPF NSSA external type 1, N2 - OSPF NSSA external type 2
       E1 - OSPF external type 1, E2 - OSPF external type 2
       * - candidate default

Gateway of last resort is no set
C    192.168.1.0/24 is directly connected, FastEthernet 1/0
C    192.168.1.1/32 is local host.
```

图 11-2　路由器转发数据路由表信息

路由表中包含有该路由器知道目的网络地址，以及通过此路由器到达目标网络的最佳路径，如某个接口或下一跳的地址。正是由于路由表的存在，路由器依据它转发数据。

当路由器从某个接口中收到一个数据包时，路由器首先查看数据包中的目的网络地址。如果发现数据包的目的地址不在接口所在的子网中，路由器查看自己的路由表，找到数据包的目的网络所对应的接口，并从相应的接口转发出去。

路由表可以是手工添加的方式设置，也可以由路由器动态学习，自动调整。生成的路由信息都保存在路由器的内存中，以供路由器将来作为转发数据信息的依据。路由器在接收到数据包后，提取数据包中携带的 IP 地址信息，通过查找路由表，确定数据包转发的路径，将数据包从一个网络转发到另一个网络。

11.4 路由分类

典型的路由选择方式有两种：静态路由和动态路由。

静态路由是在路由器中设置固定路由表。除非网络管理员干预，否则静态路由不会发生变化。由于静态路由不能对网络改变做出反应，一般用于规模不大、拓扑结构固定的网络中。静态路由的优点是简单、高效、可靠。默认情况下当动态路由与静态路由发生冲突时，以静态路由为准。

动态路由是网络中的路由器之间相互传递路由信息，利用收到的路由信息更新路由表。如果路由更新信息发生了网络变化，路由协议就会重新计算路由，并发出新的路由更新信息，适应网络结构变化。动态路由适用于规模大、拓扑复杂的网络。

静态路由和动态路由有各自的特点和适用范围，在网络中动态路由通常作为静态路由的补充。当一个分组（数据包）在路由器中进行寻径时，路由器首先查找静态路由，如果查到则根据相应的静态路由转发分组，否则再查找动态路由。

11.5 静态路由技术

静态路由是指由网络管理员手工配置的路由信息。当网络的拓扑结构或链路的状态发生变化时，网络管理员需要手工去修改路由表中相关的静态路由信息。由于静态路由不能对网络的改变做出反应，一般用于规模不大、拓扑结构固定的网络中。静态路由的优点是简单、高效、可靠，在所有的路由中，静态路由优先级最高（管理距离为 0 或 1）。

静态路由信息在默认情况下是私有的，不会传递给其他的路由器。当然，网络管理员也可以通过对路由器进行设置使之成为共享的。静态路由一般适用于比较简单的网络环境，在这样的环境中，网络管理员易于清楚地了解网络的拓扑结构，便于设置正确的路由信息。

静态路由除了具有简单、高效、可靠的优点外，它的另一个好处是网络安全保密性高。动态路由因为需要路由器之间频繁地交换各自的路由表，而对路由表的分析可以揭示网络的拓扑结构和网络地址等信息，因此存在一定的不安全性，而静态路由不存在这样的问题，故出于安全方面的考虑也可以采用静态路由。

大型和复杂的网络环境通常不宜采用静态路由。一方面，网络管理员难以全面地了解整个网络的拓扑结构；另一方面，当网络的拓扑结构和链路状态发生变化时，路由器中的静态路由信息需要大范围地调整，这一工作的难度和复杂程度非常高。

11.6   配置静态路由技术

静态路由是手动添加路由信息要去往某网段该如何走，描述转发路径的方式有两种：指向本地接口（即从本地某接口发出）和指向下一跳路由器直连接口的 IP 地址（即将数据包交给 X.X.X.X）。

配置静态路由用命令 ip route，命令格式如下：

```
Router(config)# Ip route [网络编号] [子网掩码] [转发路由器的 IP 地址/本地接口]
```

静态路由一般配置步骤如下。

（1）为每条链路确定地址（包括子网地址和网络地址）。

（2）为每个路由器，标识非直连的链路地址。

（3）为每个路由器写出未直连的地址的路由语句（写出直连地址的语句是没必要的）。

图 11-3 静态路由配置图中，路由器 A 配置的一条静态路由如下。

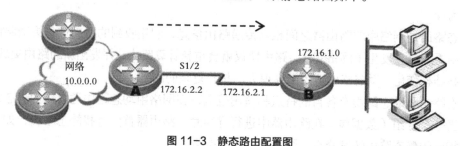

图 11-3   静态路由配置图

```
router (config)#ip route 172.16.1.0 255.255.255.0 172.16.2.1
```
或
```
router (config)#ip route 172.16.1.0 255.255.255.0 Serial 1/2
```

删除静态路由用命令：no ip route。
```
router (config)#no ip route destination-address netmask
```

11.7   配置默认路由技术

默认路由可以看作是静态路由的一种特殊情况。默认路由指路由表中未直接列出目标网络路由选择项，用于不明确情况下指示数据帧下一跳方向。路由器如果配置默认路由，则所有未明确指明目标网络的数据包，都按默认路由进行转发。默认路由一般使用在 stub 网络（称末端或存根网络）中，stub 网络是只有 1 条出口路径的网络。使用默认路由来发送那些目标网络没有包含在路由表中的数据包。

配置默认路由使用如下命令：

```
ip route 0.0.0.0 0.0.0.0 {next-hop address | interface-id}
```

其中：0.0.0.0　0.0.0.0 表示默认的网络。

如图 11-4 所示场景为默认路由配置图中，在具有 stub 网络特征的路由器 B 上，配置的一条默认路由如下：

```
router (config) #ip route 0.0.0.0 0.0.0.0 172.16.2.2
```

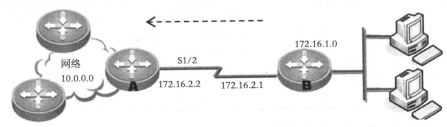

图 11-4　默认路由配置图

 四、任务实施

11.8　综合实训：配置静态路由，实现非直连子网之间通信

【网络场景】

如图 11-5 所示网络拓扑，浙江科技工程学校网络中心为实现统一管理，决定把两个校区网络连接为一个整体网络场景。希望在不改变并入中专学校网络现状情况下，通过静态路由实现两个校园网络连通网络场景。

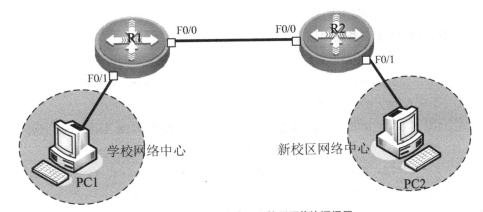

图 11-5　静态路由实现两校园网络连通场景

【设备清单】路由器（2 台）；计算机（≥2 台）；网线（若干）。

【工作过程】

步骤 1——安装网络工作环境

按图 11-5 中的网络拓扑结构，安装和连接设备，注意设备连接的接口标识。

步骤 2——IP 地址规划与配置

根据园区网络中地址规划原则，规划如表 11-1 所示地址信息，便于园区网配置操作。

表 11-1   园区网络地址规划信息

设备名称	IP 地址	子网掩码	网 关	接 口
PC1 计算机	172.16.1.2	255.255.255.0	172.16.1.1	Fa 0/1 接口
PC2 计算机	220.8.7.2	255.255.255.0	220.8.7.1	Fa 0/1 接口
R1 路由器 Fa 0/0 接口	202.7.3.1	255.255.255.0		
R2 路由器 Fa 0/0 接口	202.7.3.2	255.255.255.0		
R1 路由器 Fa 0/1 接口	172.16.1.1	255.255.255.0		
R2 路由器 Fa 0/1 接口	220.8.7.1	255.255.255.0		

步骤 3——配置路由器 1 设备

1. 配置路由器 R1 设备接口信息

```
R1#configure terminal
R1(config)#int fa0/0
R1(config-if)#ip address 202.7.3.1 255.255.255.0
R1(config-if)#no shutdown
R1(config-if)#exit

R1(config)#int fa0/1
R1(config-if)#ip address 172.16.1.1 255.255.255.0
R1(config-if)#no shutdown
```

2. 查看路由器 R1 设备路由信息

```
R1(config)#show ip route
Codes: C - connected, S - static, R - RIP, B - BGP
       O - OSPF, IA - OSPF inter area
       N1 - OSPF NSSA external type 1, N2 - OSPF NSSA external type 2
       E1 - OSPF external type 1, E2 - OSPF external type 2
       i - IS-IS, su - IS-IS summary, L1 - IS-IS level-1, L2 - IS-IS level-2
       ia - IS-IS inter area, * - candidate default
Gateway of last resort is no set
C    172.16.1.0/24 is directly connected, FastEthernet 0/1
C    172.16.1.1/32 is local host.
C    202.7.3.0/24 is directly connected, FastEthernet 0/0
C    202.7.3.1/32 is local host.
```

! 只有直连路由，缺少到对端网络的非直连路由

3. 配置路由器 R1 设备静态路由

```
R1(config)#ip route 172.16.1.0 255.255.255.0 202.7.3.1
```

步骤 4——配置路由器 R2 设备

1. 配置路由器 R2 设备接口信息

```
R2#configure terminal
R2(config)#int fa0/1
R2(config-if)#ip address 220.8.7.1 255.255.255.0
R2(config-if)#no shutdown
R2(config-if)#exit

R2(config)#int fa0/0
R2(config-if)#ip address 202.7.3.2 255.255.255.0
R2(config-if)#no shutdown
```

2. 查看路由器 R2 设备路由信息

```
R2(config)#show ip route
Codes: C - connected, S - static, R - RIP, B - BGP
       O - OSPF, IA - OSPF inter area
       N1 - OSPF NSSA external type 1, N2 - OSPF NSSA external type 2
       E1 - OSPF external type 1, E2 - OSPF external type 2
       i - IS-IS, su - IS-IS summary, L1 - IS-IS level-1, L2 - IS-IS level-2
       ia - IS-IS inter area, * - candidate default
Gateway of last resort is no set
C    202.7.3.0/24 is directly connected, FastEthernet 0/0
C    202.7.3.2/32 is local host.
C    220.8.7.0/24 is directly connected, FastEthernet 0/1
C    220.8.7.1/32 is local host.
```

！只有直连路由，缺少到对端网络的非直连路由

3. 配置路由器 R2 设备静态路由

```
R2(config)#ip route 220.8.7.0 255.255.255.0 202.7.3.2
```

步骤 5——测试网络连通

打开计算机"网络连接"，选择"常规"属性中"Internet 协议（TCP/IP）"项，按"属性"按钮，设置 TCP/IP 协议属性，分别给 PC1 和 PC2 配置如表 11-1 规划地址。

分别打开 2 台测试计算机，在"开始->运行"栏中输入"CMD"命令，转到命令行状态，分别使用测试 ping 命令，连续测试对方网络连通性。

从 PC1 机器，在命令状态，用"ping"命令测试对端计算机 PC2 连通

```
ping 220.8.7.2

Pinging 220.8.7.2 with 32 bytes of data:
Reply from 220.8.7.2: bytes=32 time<1ms TTL=64
Reply from 220.8.7.2: bytes=32 time<1ms TTL=64
Reply from 220.8.7.2: bytes=32 time<1ms TTL=64
Reply from 220.8.7.2: bytes=32 time<1ms TTL=64
Ping statistics for 220.8.7.2:
Packets: Sent = 4, Received = 4, Lost = 0 (0% loss),
Approximate round trip times in milli-seconds:
Minimum = 0ms, Maximum = 0ms, Average = 0ms
```

！说明老校区网络内 PC1 机器与对端网络新校区计算机 PC2 连通。

 知识拓展

本单元模块主要介绍路由器设备的静态路由配置技术。在网络上查收资料，写出三层交换机设备的静态路由配置命令和配置过程。

 认证测试

1. 静态路由协议的默认管理距离是？RIP 路由协议的默认管理距离是？（　　　）。

　　A．1,140

　　B．1,120

　　C．2,140

　　D．2,120

2. 静态路由是（　　　）。

　　A．手工输入到路由表中且不会被路由协议更新

　　B．一旦网络发生变化就被重新计算更新

　　C．路由器出厂时就已经配置好的

　　D．通过其他路由协议学习到的

3. 默认路由是（　　　）。

　　A．一种静态路由

　　B．所有非路由数据包在此进行转发

　　C．最后求助的网关

　　D．以上都是

4. 下列说法准确的是（　　　）。

　　A．度量值是数据包到达目的地经过的节点跳数

　　B．度量值是数据包到达目的地所经过的各个链接的代价总和

　　C．度量值是路由算法用以确定到达目的地的最佳路径的计量标准

　　D．度量值是实际物理线路的长度

5. 当要配置路由器的接口地址时应采用哪个命令（　　　）。

   A. ip address 1.1.1.1 netmask 255.0.0.0

   B. ip address 1.1.1.1/24

   C. set ip address 1.1.1.1 subnetmask 24

   D. ip address 1.1.1.1 255.255.255.248

PART 12

任务12
配置 RIP 动态路由，实现非直连网络之间通信

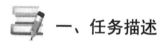 **一、任务描述**

浙江科技工程学校因为规模发展需要，和附近的浙江高级技工学校合并为一所学校。

为实现统一管理，共享信息资源，网络中心决定把两个校区网络连接为一个整体。由于新并入学校建有自己独立网络，使用和学校不同的子网规划地址。网络中心希望在不改变并入中专学校网络现状情况下，通过动态路由实现两个校园网络连通。

 二、任务分析

给路由器接口配置地址会生产直连路由，实现直连网络的互相连通。但在多台路由器连接的网络环境中，有很多非直连网络存在，这就需要通过动态路由或者静态路由实现连通。

其中，动态路由是指由不需要网络管理员手工配置，路由器自己自动学习的路由信息。而 RIP 动态路由协议是众多动态路由协议中一种，是应用较早、使用较普遍的内部网关协议，适用于小型同类网络，是典型的距离矢量协议。

 三、知识准备

12.1 什么是动态路由

动态路由是指路由器能够自动地建立自己的路由表，并且能够根据实际情况的变化适时地进行调整。动态路由机制的运作依赖路由器的两个基本功能：对路由表的维护；路由器之间适时的路由信息交换。

其中，路由器之间的路由信息交换是基于路由协议实现的。通过图 12-1 的示意，可以直观地看到路由信息交换的过程。交换路由信息的最终目的，在于通过路由表找到一条数据交换的"最佳"路径。每一种路由算法都有其衡量"最佳"的一套原则。

大多数算法使用一个量化的参数来衡量路径的优劣，一般来说，参数值越小，路径越好。该参数可以通过路径的某一特性进行计算，也可以在综合多个特性的基础上进行计算。

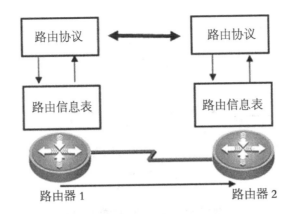

图 12-1　动态路由协议交换信息过程

几个比较常用的特征是：路径所包含的路由器结点数（hop count），网络传输费用（cost）、带宽（bandwidth）、延迟（delay）、负载（load）、可靠性（reliability）和最大传输单元 MTU（Maximum Transmission Unit）。

12.2　什么是 RIP 动态路由

RIP（Routing Information Protocol，路由信息协议）是一种古老的基于距离矢量算法的路由协议，通过计算抵达目的地的最少跳数（hop）来选取最佳路径。

RIP 最早是由施乐（Xerox）在 20 世纪 70 年代开发，是应用较早、使用较普遍的内部网关协议（Interior Gateway Protocol，IGP），适用于小型同类网络，是典型的距离矢量（distance-vector）协议。

RIP 协议被列为距离矢量，这意味着它使用距离矢量来决定最佳路径，具体来说是通过路由跳数来衡量。RIP 协议的跳数最多计算到 15 跳，当超过这个数字时，RIP 协议会认为目的地不可达，因此 RIP 协议只适用在中小型网络中，所有路由器都支持 RIP 协议。

12.3　RIP 动态路由学习过程

在运行了 RIP 动态路由协议的路由器中，路由器每 30s 相互发送广播信息，也即 RIP 协议每隔 30s 定期向外发送一次更新报文。收到广播信息的每台路由器增加一个跳数。如果广播信息经过多个路由器收到，到这个路由器具有最低跳数的路径是被选中的路径。

如果路由器经过 180s 没有收到来自某一路由器的路由更新报文，则将所有来自此路由器的路由信息标志为不可达，若在其后 240s 内仍未收到更新报文，就将这些路由从路由表中删除，如图 12-2 所示的 RIP 路由协议学习过程。

RIP 使用跳数来衡量到达目的地的距离，称为路由度量值。在 RIP 中，路由器与它直接相连网络的跳数为 0，通过一个路由器可达的网络的跳数为 1，其余依次类推。为限制收敛时间，RIP 规定度量值取值 0 ~ 15 的整数，大于或等于 16 的跳数被定义为无穷大，即目的网络或主机不可达。

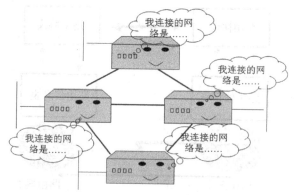

图 12-2　RIP 路由协议学习过程

12.4　RIP 路由更新

早期的 RIP 路由协议中路由的更新，通过定时广播实现。默认情况下，路由器每隔 30s 向与它相连的网络，广播自己的路由表。接到广播的路由器将收到的信息，添加至自身的路由表中，并将路由跳数增加一跳。

连接在网络中的每台路由器都如此广播，最终网络上所有的路由器都会得知全部的路由信息。正常情况下，每 30s 路由器就可以收到一次路由信息确认，如果经过 180s，即 6 个更新周期，一个路由项还没有得到确认，路由器就认为它已失效了。

如果经过 240s，即 8 个更新周期，路由项仍没有得到确认，它就被从路由表中删除。上面的 30s、180s 和 240s 的延时都是由计时器控制的，它们分别是更新计时器（Update Timer）、无效计时器（Invalid Timer）和刷新计时器（Flush Timer）。

12.5　RIP 路由协议版本

第一代的 RIP 路由协议的一个基本问题是，当选择路径时它忽略了连接速度问题。例如，如果一条由所有快速以太网连接组成的路径，比包含一条 10Mbit/s 以太网连接的路径多一个跳数，而出现较慢 10Mbit/s 以太网连接的路径，却被选定作为最佳路径。

此外，第一代的 RIP 协议的原始版本（版本 1，即 RIPv1）不能应用 VLSM，因此不能分割地址空间，以最大效率地应用有限的 IP 地址。RIP 协议的后来版本（版本 2，即 RIPv2）通过引入子网屏蔽与每一路由广播信息一起使用实现了这个功能。

RIP 协议假定如果从网络的一个终端到另一个终端的路由跳数超过 15 个，那么一定牵涉到了循环，因此当一个路径达到 16 跳，将被认为是达不到的。显然，这限制了 RIP 协议在网络上的使用。

12.6　配置 RIP 路由协议

配置 RIP 路由协议，首先需要创建 RIP 路由进程，并定义与 RIP 路由进程关联的网络，如表 12-1 所示。

表 12-1 配置 RIP 路由协议

命 令	作 用
Router(config)# router rip	创建 RIP 路由进程
Router(config-router)# network network-number	定义关联网络

RIP v1 是最早路由协议，发送的路由更新消息不带子网掩码信息，因此不支持变长子网掩码和无类域间路由，只能在严格使用 A、B、C 类地址环境中。

随着 IP 地址日益缺乏，启用了子网掩码地址类型。后续版本 RIPv2 弥补 RIPv1 缺点。

RIPv2 除了更新信息带子网掩码外，还使用组播方式发送更新信息，而不像 RIPv1 使用广播报文。这样不仅节省了网络资源，而且在限制广播报文的网络中仍然可用。RIPv2 也不再像 RIPv1 那样无条件地接受来自于任何邻居的路由更新，而只接受来具有相同认证字段邻居路由更新，提高了安全性。

在路由进程配置模式中执行以下命令可以启动 RIPv2 动态路由协议：

```
Router(config)# router rip                          ! 启用 RIP 路由协议
Router(config-router)# version {1 | 2}              ! 定义 RIP 协议版本
Router(config-router)# network network-number
```

当出现不连续子网或者希望学到具体的子网路由，而不愿意只看到汇总后的网络路由时，就需要关闭路由自动汇总功能。RIPv2 可以关闭边界自动汇总功能，而 RIPv1 则不支持该功能。要配置路由自动汇总，应当在 RIP 路由进程模式中执行以下命令

```
Router(config)# router rip
Router(config-router)# no auto-summary              ! 关闭路由自动汇总
```

 四、任务实施

12.7 综合实训：配置 RIP 动态路由，实现非直连子网通信

【网络场景】

图 12-3 所示网络拓扑，浙江科技工程学校网络中心为实现统一管理，决定把两个校区网络连接为一个整体网络场景。希望在不改变并入中专学校网络现状情况下，通过 RIP 动态路由实现两个校园网络连通网络场景。

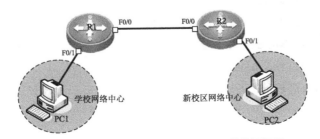

图 12-3 RIP 动态路由实现两校园网络连通场景

【设备清单】路由器（2 台）；计算机（≥2 台）；网线（若干）。

【工作过程】

步骤 1——安装网络工作环境

按图 12-3 中的网络拓扑结构，安装和连接设备，注意设备连接的接口标识。

步骤 2——IP 地址规划与配置

根据园区网络中地址规划原则，规划如表 12-2 所示地址信息。

表 12-2　网络地址规划信息

设备名称	IP 地址	子网掩码	网关	接口
PC1 计算机	172.16.1.2	255.255.255.0	172.16.1.1	Fa 0/1 接口
PC2 计算机	220.8.7.2	255.255.255.0	220.8.7.1	Fa 0/1 接口
R1 路由器 Fa 0/0 接口	202.7.3.1	255.255.255.0		
R2 路由器 Fa 0/0 接口	202.7.3.2	255.255.255.0		
R1 路由器 Fa 0/1 接口	172.16.1.1	255.255.255.0		
R2 路由器 Fa 0/1 接口	220.8.7.1	255.255.255.0		

步骤 3——配置路由器 1 设备

1. 配置路由器 R1 设备接口信息

```
R1(config)#int fa0/1
R1(config-if)#ip address 172.16.1.1 255.255.255.0
R1(config-if)#no shutdown

R1(config-if)#int Fa 0/0
R1(config-if)#ip address 202.7.3.1 255.255.255.0
R1(config-if)#no shutdown
R1(config-if)#end
R1#show ip route
……
```

2. 配置路由器 R1 设备动态路由

```
R1(config)#router rip
R1(config-router)#version 2
R1(config-router)#network 172.16.1.0
R1(config-router)#network 202.7.3.0
R1(config-router)#no auto-summary
R1(config-router)#end
R1#show ip route
……
```

3．配置路由器 R2 设备接口信息

```
R2(config)#int fa0/1
R2(config-if)#ip address 220.8.7.1 255.255.255.0
R2(config-if)#no shutdown

R2(config-if)#int fa0/0
R2(config-if)#ip address 202.7.3.2 255.255.255.0
R2(config-if)#no shutdown
R2(config-if)#exit
R2#show ip route
……
```

4．配置路由器 R2 设备动态路由

```
R2(config)#router rip
R2(config-router)#version 2
R2(config-router)#network 220.8.7.0
R2(config-router)#network 202.7.3.0
R2(config-router)#no auto-summary
R2(config-router)#end

R2#show ip route
……
```

步骤 4——测试网络连通

打开计算机"网络连接"，选择"常规"属性中"Internet 协议（TCP/IP）"项，按"属性"按钮，设置 TCP/IP 协议属性，分别给 PC1 和 PC2 配置如表 12-1 规划的信息。

配置管理地址后，可用"Ping 命令"来检查组建的办公网网络的连通。

分别打开 2 台测试计算机，在"开始->运行"栏中输入"CMD 命令"，转到命令行状态，分别使用测试"ping"命令，连续测试对方网络连通性。

```
ping 202.8.7.2
Pinging 202.8.7.2 with 32 bytes of data:
Reply from 202.8.7.2: bytes=32 time<1ms TTL=64
Reply from 202.8.7.2: bytes=32 time<1ms TTL=64
Reply from 202.8.7.2: bytes=32 time<1ms TTL=64
Reply from 202.8.7.2: bytes=32 time<1ms TTL=64
Ping statistics for 202.8.7.2:
Packets: Sent = 4, Received = 4, Lost = 0 (0% loss),
Approximate round trip times in milli-seconds:
```

```
Minimum = 0ms, Maximum = 0ms, Average = 0ms
```
！说明老校区网络内 PC1 机器与新校园的网络是连通。

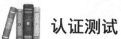 知识拓展

本单元模块主要介绍路由器设备的 RIP 动态路由技术。由于 RIP 动态路由的工作特性，容易在路由器上形成路由环路，影响路由器的路由学习准备性。在网络上查找资料，了解路由器的路由环的工作机制，说说如何在路由器上避免路由环路的产生。

认证测试

1. RIP 的管理距离（Administrative Distance）是（　　　）。

　　A. 90

　　B. 10

　　C. 11

　　D. 120

2. RIP 有几个版本？它是基于什么路由算法，最大跳数为几跳？（　　　）

　　A. 2 链路状态 16

　　B. 1 链路状态 15

　　C. 2 距离向量 15

　　D. 1 距离向量 16

3. 当 RIP 向相邻的路由器发送更新时，它使用多少秒为更新计时的时间值？（　　　）

　　A. 30

　　B. 20

　　C. 15

　　D. 25

4. 所谓路由协议的最根本特征是（　　　）。

　　A. 向不同网络转发数据

　　B. 向同个网络转发数据

　　C. 向网络边缘转发数据

5. 如何配置 Rip 版本 2？（　　　）

　　A. ip rip send v1

　　B. ip rip send v2

　　C. ip rip send version 2

　　D. version 2

PART 13

任务 13
配置 OSPF 动态路由，实现非连子网通信

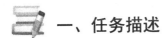

一、任务描述

浙江科技工程学校因为规模发展需要，和附近的浙江高级技工学校合并为一所学校。

为实现统一管理，共享信息资源，网络中心决定把两个校区网络连接为一个整体。由于新并入学校建有自己独立网络，使用和学校不同的子网规划地址。网络中心希望在不改变并入技工学校网络现状情况下，通过 OSPF 动态路由实现两个校园网络连通。

二、任务分析

给路由器接口配置地址会生产直连路由，实现直连网络的互相连通。但在多台路由器连接的网络环境中，有很多非直连网络存在，这就需要通过动态路由或者静态路由实现连通。

其中，动态路由是指由不需要网络管理员手工配置，路由器自己自动学习的路由信息。而 OSPF 动态路由协议是众多动态路由协议中一种，是基于链路状态、自治系统内部、动态路由协议。在 IP 网络上，它通过收集和传递自治系统的链路状态，动态发现并传播路由，也是目前应用最为广泛的动态路由协议。

三、知识准备

13.1   什么是 OSPF 动态路由协议

动态路由 RIP 路由协议只适用小型同类网络，并且有时不能准确选择最优路径，收敛的时间也略长一些。对于小规模、缺乏专业人员维护的网络来说，RIP 路由协议是首选路由协议。但随着网络范围的扩大，RIP 路由协议在网络的路由学习上就显得力不从心，这时就需要 OSPF 动态路由协议来解决。

开放最短路由优先协议 OSPF（Open Shortest Path First）是 IETF（Internet Engineering Task Force）开发的基于链路状态、自治系统内部、动态路由协议。在 IP 网络上，它通过收集和传递自治系统的链路状态，动态发现并传播路由。

　　OSPF 路由协议适合更广阔范围网络的路由学习，支持 CIDR 以及来自外部路由信息选择，同时提供路由选择更新验证，利用 IP 组播发送/接收更新资料。此外 OSPF 协议还有支持各种规模的网络，快速收敛，支持安全验证，区域划分等特点。

13.2　OSPF 动态路由协议特征

　　OSPF 动态路由协议不再采用跳数的概念，而是根据网络中接口的吞吐率、拥塞状况、往返时间、可靠性等实际链路的负载能力，来决定路由选择的代价。同时选择最短、最优路由作为数据包传输路径，并允许保持到达同一目标地址的多条路由存在，从而平衡网络负荷。此外，OSPF 路由协议还支持不同服务类型不同代价，从而实现不同 QoS 路由服务；OSPF 路由器不再交换路由表，而是同步各路由器对网络状态认识。

　　OSPF 路由协议是一种链路状态路由协议，下面将 OSPF 路由协议与距离矢量路由协议 RIP 比较，更加清晰地描述 OSPF 路由协议特点。

1.　网络管理距离不同

　　在 RIP 路由协议中，其路由的管理距离是 120。而 OSPF 路由协议具有更高的优先级别，其管理距离为 110。

2.　网络范围不同

　　在 RIP 路由协议中，表示目的网络远近参数为跳（HOP），该参数最大为 15。

　　在 OSPF 路由协议中，路由表中表示目的网络参数为路径开销（Cost），该参数与网络中链路带宽相关，也就是说 OSPF 路由不受物理跳数限制。因此，OSPF 适合于支持几百台路由器大型网络。

3.　路由收敛速度不同

　　路由收敛快慢是衡量路由协议一个关键指标。

　　RIP 路由协议周期性地将整个路由表信息广播至网络中，该广播周期为 30s。不仅占用较多网络带宽，且 30s 收敛速度过慢，影响网络的更新。

　　而 OSPF 链路状态路由协议，当网络稳定时，网络中路由更新也会减少，并且其更新也不是周期性的，因此 OSPF 在大型网络中能够较快收敛。

13.3　OSPF 路由区域

　　随着网络规模扩大，当大型网络中路由器都运行 OSPF 路由协议时，路由器数量增多会导致 LSDB 非常庞大，占用大量存储空间，使得运行 SPF 算法复杂度增加，导致 CPU 负担很重。

　　在网络规模增大之后，拓扑结构发生变化的概率也增大，网络会经常处于"振荡"，造成网络中会有大量 OSPF 协议报文在传递，降低网络带宽利用率。更为严重是，每一次变化都会导致网络中所有路由器重新进行路由计算。

　　OSPF 协议通过将自治系统划分成不同区域（Area）来解决上述问题。区域是从逻辑上将路由器划分为不同组，每个组用区域号（Area ID）来标识，如图 13-1 所示。

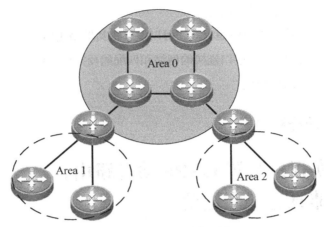

图 13-1　OSPF 路由区域

区域的边界是路由器，这样有一些路由器属于不同区域（称为区域边界路由器，ABR）。一台路由器可以属于不同区域，但一个网段（链路）只能属于一个区域，或者说每个运行 OSPF 接口必须指明属于哪一个区域。划分区域后，可以在区域边界路由器上进行路由聚合，以减少通告到其他区域 LSA 数量，还可以将网络拓扑变化带来影响最小化。

OSPF 划分区域之后，并非所有区域都是平等关系。其中有一个区域是与众不同，它的区域号（Area ID）是 0，通常被称为骨干区域（Backbone Area）。所有非骨干区域必须与骨干区域保持连通；骨干区域负责区域之间路由，非骨干区域之间路由信息必须通过骨干区域转发。

13.4　配置 OSPF 路由

1. 启动 OSPF 路由进程

在全局配置模式下，执行如下所示命令。

```
Router(config)#router ospf (process-id)    ! 创建 OSPF 路由进程
```

如果未配置 router-id，则路由器选择环回接口最高 IP 地址。

2. 配置 OSPF router id

要创建 OSPF 路由标识，在全局配置模式中执行如下所示的命令。

```
Router(config)#router ospf process-id
Router(config-router)# router-id X.X.X.X          ! 配置 OSPF 路由进程标识 ID
```

3. 发布 OSPF 路由网络区域

在全局配置模式中执行如表下所示的命令。

```
Router(config)#router ospf process-id
Router(config-router)# network [network- address ] [Wildcard-mask ] area
[ area-id ]
```
                                                                ! 发布接口网络以及

所属区域

配置 OSPF 路由进程，并定义与该 OSPF 路由进程关联的 IP 地址范围，以及该 IP 地址所属的 OSPF 区域，对外通告该接口的链路状态。其中：

4．process-id 只是在本路由器有效，可以设成和其他路由器 process-id 一样号码；

5．network- address 为接口连接的网络和匹配的反掩码 Wildcard Mask；

6．area-id 为所属的区域。

 四、任务实施

13.5 综合实训：配置 OSPF 动态路由，实现非直连子网通信

【网络场景】

如图 13-2 所示网络拓扑，浙江科技工程学校网络中心为实现统一管理，决定把两个校区网络连接为一个整体网络场景。希望在不改变并入中专学校网络现状情况下，通过 OSPF 动态路由实现两个校园网络连通网络场景。

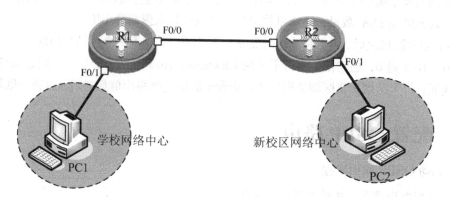

图 13-2　OSPF 动态路由实现两校园网络连通场景

【设备清单】 路由器（2 台）；计算机（≥2 台）；网线（若干）。

【工作过程】

步骤 1——安装网络工作环境

按图 13-2 中的网络拓扑结构，安装和连接设备，注意设备连接的接口标识。

步骤 2——IP 地址规划与配置

根据园区网络中地址规划原则，规划如表 13-1 所示地址信息。

表 13-1　网络地址规划信息

设备名称	IP 地址	子网掩码	网关	接口
PC1 计算机	172.16.1.2	255.255.255.0	172.16.1.1	Fa 0/1 接口
PC2 计算机	220.8.7.2	255.255.255.0	220.8.7.1	Fa 0/1 接口

设备名称	IP 地址	子网掩码	网关	接口
R1 路由器 Fa 0/0 接口	202.7.3.1	255.255.255.0		
R2 路由器 Fa 0/0 接口	202.7.3.2	255.255.255.0		
R1 路由器 Fa 0/1 接口	172.16.1.1	255.255.255.0		
R2 路由器 Fa 0/1 接口	220.8.7.1	255.255.255.0		

步骤 3——配置路由器 1 设备

1. 配置路由器 R1 设备接口信息

```
R1(config)#int Fa0/1
R1(config-if)#ip address 172.16.1.1 255.255.255.0
R1(config-if)#no shutdown

R1(config-if)#int Fa 0/0
R1(config-if)#ip address 202.7.3.1 255.255.255.0
R1(config-if)#no shutdown
R1(config-if)#end
R1#show ip route
……
```

2. 配置路由器 R1 设备动态路由

```
R1(config)#router OSPF
R1(config-router)#network 172.16.1.0  0.0.0.255 area 0
R1(config-router)#network 202.7.3.0  0.0.0.255 area 0
R1(config-router)#end
R1#show ip route
……
```

3. 配置路由器 R2 设备接口信息

```
R2(config)#int Fa0/1
R2(config-if)#ip address 220.8.7.1 255.255.255.0
R2(config-if)#no shutdown

R2(config-if)#int Fa0/0
R2(config-if)#ip address 202.7.3.2 255.255.255.0
R2(config-if)#no shutdown
R2(config-if)#exit
R2#show ip route
……
```

4. 配置路由器 R2 设备动态路由

```
R2(config)#router rip
R2(config-router)#version 2
R2(config-router)#network 220.8.7.0  0.0.0.255 area 0
R2(config-router)#network 202.7.3.0  0.0.0.255 area 0
R2(config-router)#end

R2#show ip route
......
```

步骤 4——测试网络连通

打开计算机"网络连接",选择"常规"属性中"Internet 协议(TCP/IP)"项,按"属性"按钮,设置 TCP/IP 协议属性,分别给 PC1 和 PC2 配置如表 13-1 规划的信息。

配置管理地址后,可用"ping 命令"来检查组建的办公网网络的连通。

分别打开 2 台测试计算机,在"开始->运行"栏中输入"CMD"命令,转到命令行状态,分别使用测试"ping"命令,连续测试对方网络连通性。

```
ping 202.8.7.2
Pinging 202.8.7.2 with 32 bytes of data:
Reply from 202.8.7.2: bytes=32 time<1ms TTL=64
Reply from 202.8.7.2: bytes=32 time<1ms TTL=64
Reply from 202.8.7.2: bytes=32 time<1ms TTL=64
Reply from 202.8.7.2: bytes=32 time<1ms TTL=64
Ping statistics for 202.8.7.2:
Packets: Sent = 4, Received = 4, Lost = 0 (0% loss),
Approximate round trip times in milli-seconds:
Minimum = 0ms, Maximum = 0ms, Average = 0ms
```
！说明老校区网络内 PC1 机器与新校园的网络是连通。

 知识拓展

本单元模块主要介绍路由器设备的 OSPF 动态路由技术。配置了 OSPF 动态路由技术路由器设备,拓展了网络中路由的学习范围,把上述的实训方案,通过划分多个不同的区域,通过配置路由器多区域的 OSPF 技术,同样实现所连接的网络之间互联互通。

 认证测试

1. 配置 OSPF 路由,必须需要具有的网络区域是(   )。

　　A. Area0

　　B. Area1

C. Area2

D. Area3

2. OSPF 的管辖距离（Administrative Distance）是（　　　）。

　　A. 90

　　B. 100

　　C. 110

　　D. 120

3. 说出是距离向量路由协议有（　　　）；是链路状态路由协议的有（　　　）。

　　A. RIPV1/V2

　　B. IGRP 和 EIGRP

　　C. OSPF

　　D. IS-IS

4. OSPF 路由协议是一种什么样的协议？（　　　）

　　A. 距离向量路由协议

　　B. 链路状态路由协议

　　C. 内部网关协议

　　D. 外部网关协议

5. 在路由表中 0.0.0.0 代表什么意思？（　　　）

　　A. 静态路由

　　B. 动态路由

　　C. 默认路由

　　D. RIP 路由

PART 14

任务 14
配置动态地址转换技术，实现校园网接入互联网

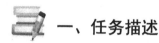

一、任务描述

浙江科技工程学校需要改造网络中心的网络，为了实现学校内部网络接入外部互联网，使用高功效的路由器设备充当外网接入设备，利用路由器设备具有的 NAT 地址转换技术，实现校园网中的私有地址使用有限的公有地址接入互联网，实现不同网络之间互相通信。

二、任务分析

由于目前 IPv4 地址的数量有限，就不能为需要接入 Internet 中的每一台计算机分配一个公网 IP，因此目前校园网等私有网络中，网络内部都使用私有 IP 地址通信。这些私有地址不能在公网上通信，为了解决这个难题，可以校园网出口的路由器设备上配置 NAT 地址转换技术，使用申请到的有限的公有地址，把私有网络接入互联网。

三、知识准备

14.1 NAT 技术概述

NAT（Network Address Translation，网络地址转换）是将 IP 数据包头中的 IP 地址转换为另一个 IP 地址的过程。在实际应用中，NAT 主要用于实现私有网络访问公共网络的功能。这种通过使用少量的公有 IP 地址代表较多的私有 IP 地址的方式，将有助于缓解可用 IP 地址空间的不足。

NAT（Network Address Translation）中文意思是"网络地址转换"，它通过将 IP 数据包头中的 IP 地址，转换为另一个 IP 地址的过程，允许一个组织以一个公用 IP（Internet Protocol）地址出现在 Internet 上。顾名思义，它是一种把内部私有网络地址（IP 地址），翻译成合法网络 IP 地址的技术。如图 14-1 所示网络场景，企业内网中使用的私有地址，通过出口路由器转为公网，可以使用 IP 公网地址，实现内部接入 Internet。

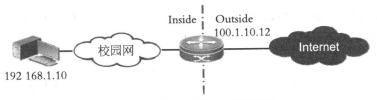

图 14-1 企业内网接入互联网场景

14.2 私有地址概述

安装在 Internet 中的计算机直接通信，必须使用具有全球唯一的 IP 地址，才能实现互相之间通信。由于目前 IPv4 地址的数量有限，并被广泛使用，造成了日益枯竭现象发生，这样，就不能为需要接入 Internet 网络中的每一台计算机分配一个公网 IP。

为解决 IPv4 地址枯竭的困境，Internet 组织委员会规划具有更多 IP 地址替代的 IPv6 新地址开发规划，来替代传统的 IPv4 地址。但由于 IPv6 新地址开发周期漫长，就又启动了过渡期间使用的私有 IP 地址技术。

私有 IP 地址是从原有的 IP v4 地址中，专门规划出几段保留的 IP 地址，只能使用在局域网的私有网络环境中，不能在 Internet 上使用。安装在 Internet 网络中的路由器，不转发带有私有 IP 地址数据包。

互联网号码分配局从现有的公网地址中，专门规划出了 3 块 IP 地址空间 （1 个 A 类地址段，16 个 B 类地址段，256 个 C 类地址段），作为内部使用的私有地址。私有地址属于非注册地址，专门为组织机构内部使用。在这个范围内的 IP 地址不能被路由到 Internet 骨干网上，Internet 路由器将丢弃该私有地址。

- A： 10.0.0.0~10.255.255.255 ；即 10.0.0.0/8。
- B：172.16.0.0~172.31.255.255 ；即 172.16.0.0/12。
- C： 192.168.0.0~192.168.255.255 ；即 192.168.0.0/16。

私有地址和公有地址最大区别是：公网 IP 具有全球唯一性，但私网 IP 可以重复（但是在一个局域网内不能重复），因此这些地址不会被 Internet 分配给公网中主机使用。它们在 Internet 上也不会被路由，虽然它们不能直接和 Internet 连接，使用私有地址的企业网络在连接到 Internet 时，需要将私有地址转换为公有地址。这个转换过程称为网络地址转换（Network Address Translation，NAT）技术。

NAT（Network Address Translation）中文意思是"网络地址转换"，它通过将 IP 数据包头中的 IP 地址，转换为另一个 IP 地址的过程，允许一个组织以一个公用 IP（Internet Protocol）地址出现在 Internet 上。顾名思义，它是一种把内部私有网络地址（IP 地址），翻译成合法网络 IP 地址的技术。

14.3 NAT 技术工作过程

NAT 技术需要将一个地址空间地址，转换为另一个地址空间中的地址。在 **NAT** 中需要理解以下四个地址类别，了解其各自承担的功能。

- 内部局部地址（Inside Local），在内部网络中分配给主机的私有 IP 地址。
- 内部全局地址（Inside Global），一个合法的 IP 地址，它对外代表一个或多个内部局部 IP 地址。
- 外部全局地址（Outside Global），由其所有者给外部网络上的主机分配的 IP 地址。
- 外部局部地址（Outside Local），外部主机在内部网络中表现出来的 IP 地址。

如图 14-2 所示，当内部网络中的一台主机想传输数据到外部网络时，它先将数据包传输到 NAT 路由器上，路由器检查数据包的报头，获取该数据包的源 IP 信息，并从它的 NAT 映射表中找出与该 IP 匹配的转换条目，用所选用的内部全局地址来替换内部局部地址，并转发数据包。

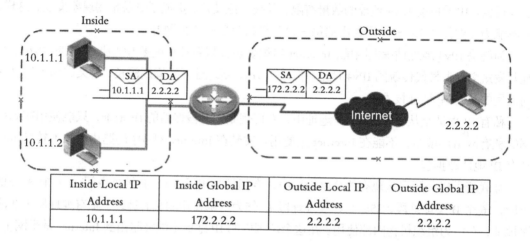

Inside Local IP Address	Inside Global IP Address	Outside Local IP Address	Outside Global IP Address
10.1.1.1	172.2.2.2	2.2.2.2	2.2.2.2

图 14-2　NAT 工作原理

当外部网络对内部主机进行应答时，数据包被送到 NAT 路由器上，路由器接收到目的地址为内部全局地址的数据包后，它将用内部全局地址通过 NAT 映射表，查找出内部局部地址，然后将数据包的目的地址替换成内部局部地址，并将数据包转发到内部主机。

14.4　NAT 技术分类

根据 NAT 的映射方式的不同，NAT 技术按照地址转换的过程，可分为两种。

- 静态 NAT，手动建立一个内部 IP 地址到一个外部 IP 地址的映射关系。该方式经常用于企业网的内部设备需要能够被外部网络访问到的场合。
- 动态 NAT，将一个内部 IP 地址转换为一组外部 IP 地址（地址池）中的一个 IP 地址。常用于整个公司共用多个公网 IP 地址访问 Internet 时，这是目前最为普遍的地址转换方式。

其中，在动态 NAT 地址转换技术中，根据申请到的公有地址数量的多少，又可分为动态 NAT 和动态 NAPT 地址转换技术两种类型。

14.5　配置路由器 NAT 技术

1．配置静态 NAT

第一步，指定内部接口和外部接口。

```
Ruijie(config-if-FastEthernet 0/0)#ip nat { inside | outside}
```

第二步，配置静态转换条目。

```
Ruijie(config)#ip nat inside source static local-ip { interface interface |
global-ip }
```

2．配置动态 NAT

第一步，指定内部接口和外部接口 。

```
Ruijie(config-if-FastEthernet 0/0)#ip nat { inside | outside }
```

第二步，定义 IP 访问控制列表。

```
Ruijie(config)#access-list access-list-number { permit | deny } address
```

第三步，定义一个地址池。

```
Ruijie(config)#ip nat pool pool-name start-ip end-ip { netmask netmask |
prefix-length prefix-length }
```

第四步，配置动态转换条目。

```
Ruijie(config)#ip nat inside source list access-list-number { interface
interface | pool pool-name}
```

3．查看地址转换操作。

```
Ruijie#show ip nat translations   ! 显示活动的转换条目
……
Ruijie# show ip nat statistics  !显示转换的统计信息
……
Ruijie#clear ip nat translation *   ！清除所有的转换条目
……
```

 四、任务实施

14.6　综合实训：配置动态地址转换技术，实现校园网接入互联网

【网络场景】

图 14-3 所示的网络场景，是网络中心的网络使用高功效的路由器设备充当外网接入设备，利用路由器设备具有的 NAT 地址转换技术，实现校园网中的私有地址，使用有限的公有地址接入互联网，实现不同网络之间互相通信。

学校校园网络使用私有地址规划，网络中心向中国电信申请到"202.102.192.2 ～ 202.102.192.8"累计 7 个公有 IP 地址。希望通过动态 NAT 技术，把校园网络接入到互联网中。

【设备清单】路由器（1 台）；网线（若干根）；测试 PC（2 台）。

【工作过程】

步骤 1——连接设备

使用网线，如图 14-3 所示网络拓扑，连接设备，注意接口信息。

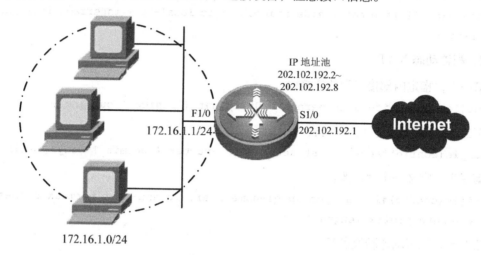

图 14-3　动态 NAT 应用场景

步骤 2——配置路由器动态 NAT

```
Router#configure terminal
Router(config)#interface fastEthernet1/0
Router(config-if)#ip address 172.16.1.1 255.255.255.0
Router(config-if)#ip nat inside

Router(config-if)#interface Serial1/0
Router(config-if)#ip address 202.102.192.1 255.255.255.0
Router(config-if)#ip nat outside
Router(config-if)#exit
```

```
Router(config)#access-list 10 permit 72.16.1.0 0.0.0.255
                    !配置允许访问互联网的校园网中地址范围，可以增加更多。
Router(config)#ip nat pool ruijie 202.102.192.2 202.102.192.8 netmask
255.255.255.0
                              !配置申请到公网的 IP 地址池范围。
Router(config)#ip nat inside source list 10 pool ruijie
                    !配置校园网中私有地址和公网的 IP 地址池映射关系
Router(config)#end
```

```
Router#show ip nat translations
```
······ ······

知识拓展

本单元模块主要介绍局域网接入互联网技术。在网络上查找资源，说说日常生活中都有哪些不同的技术，可以实现个人计算机接入到互联网中。

认证测试

1. NAT 技术产生的目的描述准确的是（　　　）。

    A. 为了隐藏局域网内部服务器真实 IP 地址

    B. 为了缓解 IP 地址空间枯竭的速度

    C. IPv4 向 IPv6 过渡时期的手段

    D. 一项专有技术，为了增加网络的可利用率而开发

2. NAT 技术产生的目的描述准确的是（　　　）。

    A. 为了隐藏局域网内部服务器真实 IP 地址

    B. 为了减缓 IP 地址空间枯竭的速度

    C. IPv4 向 IPv6 过渡时期的手段

    D. 一项专有技术，为了增加网络的可利用率而开发

3. 常以私有地址出现在 NAT 技术当中的地址概念为（　　　）。

    A. 内部本地

    B. 内部全局

    C. 外部本地

    D. 转换地址

4. 将内部地址映射到外部网络的一个 IP 地址的不同接口上的技术是（　　　）。

    A. 静态 NAT

    B. 动态 NAT

    C. NAPT

    D. 一对一映射

5. 关于静态 NAPT 下列说法错误的是（　　　）。

    A. 需要有向外网提供信息服务的主机

    B. 永久的一对一"IP 地址 + 端口"映射关系

    C. 临时的的一对一"IP 地址 + 端口"映射关系

    D. 固定转换端口

PART 15

任务 15
配置 NAPT 技术，实现中小企业网络接入互联网

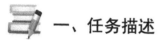 **一、任务描述**

越峰商贸公司是家小型电子商务公司，组建有一个简单的办公室网络，为了实现办公网络接入外部互联网，企业在网络改造过程，购买了一台简单的二手路由器，希望优化办公网接入互联网的管理功能。办公网使用私有地址规划，向中国电信申请到"202.102.192.2 ~ 202.102.192.2"累计 1 个公有 IP 地址，希望通过动态 NAPT 技术接入互联网中。

 二、任务分析

动态 NAT 网络地址转换技术分为传统的 NAT 动态地址转换技术和 NAPT 端口地址转换技术。在中小型的企业环境中，企业有时只申请到一个公有 IP 地址，在这种情况下，就需要使用动态 NAPT 地址转换技术予以解决。

 三、知识准备

15.1　NAPT 地址转换技术概述

由于 NAT 实现是私有 IP 和 NAT 的公共 IP 之间的转换，那么，私有网中同时与公共网进行通信的主机数量，就受到 NAT 的公共 IP 地址数量的限制。

为了克服这种限制，NAT 被进一步扩展到在进行 IP 地址转换的同时，进行 Port 的转换，这就是网络地址端口转换 NAPT（Network Address Port Translation）技术。

NAPT 与 NAT 的区别在于，NAPT 不仅转换 IP 包中的 IP 地址，还对 IP 包中 TCP 和 UDP 的 Port 进行转换。这使得多台私有网主机利用 1 个 NAT 公共 IP 就可以同时和公共网进行通信。

15.2　什么是 NAPT 地址转换技术

NAPT 是把内部地址映射到外部网络的一个 IP 地址的不同端口上。网络地址端口转换

NAPT（Network Address Port Translation）是人们比较熟悉的一种转换方式。NAPT 普遍应用于接入设备中，它可以将中小型的网络隐藏在一个合法的 IP 地址后面。NAPT 与动态地址 NAT 不同，它将内部连接映射到外部网络中的一个单独的 IP 地址上，同时在该地址上加上一个由 NAT 设备选定的 TCP 端口号。

在 Internet 中使用 NAPT 时，所有不同的 TCP 和 UDP 信息流看起来好像来源于同一个 IP 地址。这个优点在小型办公室内非常实用，通过从 ISP 处申请的一个 IP 地址，将多个连接通过 NAPT 接入 Internet。

这样，ISP 甚至不需要支持 NAPT，就可以做到多个内部 IP 地址共用一个外部 IP 地址上 Internet，虽然这样会导致信道的一定拥塞，但考虑到节省的 ISP 上网费用和易管理的特点，用 NAPT 还是很值得。

15.3 NAPT 地址转换技术原理

网络地址端口转换 NAPT 是人们比较熟悉的一种转换方式。NAPT 普遍应用于接入设备中，内部网络的所有主机均可共享一个合法外部 IP 地址，实现对 Internet 的访问，从而可以最大限度地节约 IP 地址资源。

NAPT 与动态地址 NAT 不同，它将内部连接映射到外部网络中的一个单独的 IP 地址上，同时在该地址上加上一个由 NAT 设备选定的 TCP 端口号。 如图 15-1 显示场景，为小型企业内网 NAPT 技术接入外网的应用场景。

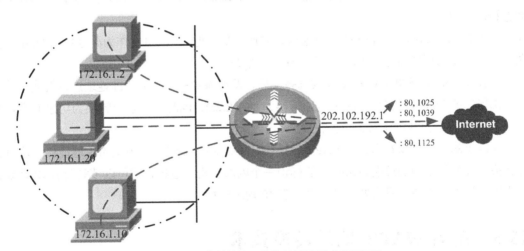

图 15-1　网络地址端口转换 NAPT 技术应用场景

15.4 端口 NAPT 转换过程

NAPT 是动态 NAT 的一种实现形式，NAPT 利用不同的端口号将多个内部 IP 地址转换为一个外部 IP 地址，NAPT 也称为 PAT 或端口级复用 NAT。

图 15-2 所示的工作场景说明了 NAPT 的工作原理。

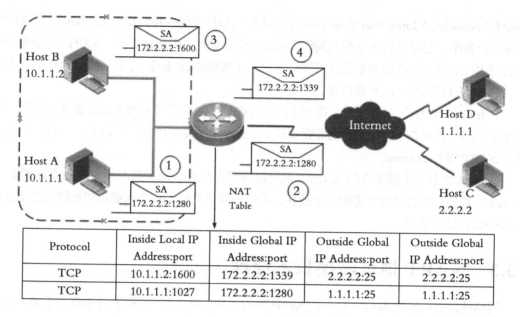

Protocol	Inside Local IP Address:port	Inside Global IP Address:port	Outside Global IP Address:port	Outside Global IP Address:port
TCP	10.1.1.2:1600	172.2.2.2:1339	2.2.2.2:25	2.2.2.2:25
TCP	10.1.1.1:1027	172.2.2.2:1280	1.1.1.1:25	1.1.1.1:25

图 15-2　NAPT 工作过程

步骤 1　Host A 要与 Host D 进行通信，它使用私有地址 10.1.1.1 作为源地址向 Host D 发送报文，报文的源端口号为 1027，目的端口号为 25。

步骤 2　NAT 路由器从 Host A 收到报文后，发现需要将该报文的源地址进行转换，并使用外部接口的全局地址将报文的源地址转换为 172.2.2.2，同时将源端口转换为 1280，并创建动态转换表项。

步骤 3　Host B 要与 Host C 进行通信，它使用私有地址 10.1.1.2 作为源地址向 Host C 发送报文，报文的源端口号为 1600，目的端口号为 25。

步骤 4　NAT 路由器从 Host B 收到报文后，发现需要将该报文的源地址进行转换，并使用外部接口的全局地址将报文的源地址转换为 172.2.2.2，同时将源端口转换为与之前不同的一个端口号 1339，并创建动态转换表项。

从以上的步骤可以看出，在 NAPT 转换中，NAT 路由器同时将报文的源地址和源端口进行转换，并使用不同的源端口来唯一的标识一个内部主机。这种方式可以节省公有 IP 地址，对于中小型网络来说，只需要申请一个公有 IP 地址即可。

15.5　配置 NAPT 地址转换技术

配置动态 NAT 的转换过程，要比静态 NAT 转换的步骤复杂。

步骤 1：配置路由器基本信息。

步骤 2：指定内部接口和外部接口。

步骤 3：定义 IP ACL 访问控制列表。

步骤 4：定义合法 IP 地址池。

步骤 5：配置动态 NAT 转换条目。

第一步：配置路由器基本信息

路由器的基本信息配置包括：配置路由器的接口地址，生成直连路由；配置路由器的动态或静态路由信息，生成非直连路由。以上配置见前面相关的章节知识，此处省略。

第二步：指定路由器的内、外端口

在接口配置模式下，使用"ip nat"命令，分别指定路由器所连接内部接口和外部接口。

这里指定内部和外部的目的是让路由器知道哪个是内部网络，哪个是外部网络，以便进行相应的地址转换，指明私有地址转换为公有地址的组件。

```
Router(config)#
Router(config)#interface fastethernet_id
Router(config-if)# ip nat  inside
                         ！指定该接口为内部接口，私有 IP 地址接口，连接内网接口

Router(config)#interface fastethernet_id
Router(config-if)# ip nat  outside
                         ！指定该接口为外部接口，公有 IP 地址接口，连接 Internet 接口
```

第三步：定义 IP ACL 访问控制列表

使用命令"access-list access-list-number { permit | deny }"，定义 IP 访问控制列表，以明确哪些报文将被进行 NAT 转换。关于 IP ACL 访问控制列表技术定义见前面相关的章节知识，此处省略。

第四步：定义合法 IP 地址池

使用 "ip nat pool" 命令定义私有网络需要转换时，可以使用的有限的公有 IP 地址池，便于私有网络中的主机随机选择可供转换的公有 IP 地址内容。

定义合法 IP 地址池命令的语法如下：

```
ip nat pool 地址池名称 | 起始 IP 地址 | 终止 IP 地址 子网掩码
                    ！其中，地址池名字可以任意设定。
```

第五步：配置动态 NAT 转换条目

在全局模式下，使用 "ip nat inside source " 命令，将符合访问控制列表条件的内部本地地址（私有 IP），转换到地址池中的内部全局地址（公有 IP）。

```
ip nat inside source list access-list-number { interface interface | pool
pool-name }
```

其中：

access-list-number：引用的访问控制列表的编号。

pool-name：引用的地址池的名称。

interface：路由器本地接口。如果指定该参数，路由器将使用该接口的地址进行转换。

四、任务实施

15.6　综合实训：配置 NAPT 技术，实现中小企业网络接入互联网

【网络场景】

如图 15-3 所示的网络场景，是越峰商贸公司使用一台简单的二手路由器，通过申请到"202.102.192.2～202.102.192.2"累计 1 个公有 IP 地址，希望通过动态 NAPT 技术接入互联网中。

【设备清单】 路由器（1 台）；网线（若干根）；测试 PC（2 台）。

【工作过程】

步骤 1——连接设备

使用网线，如图 15-3 所示网络拓扑，连接设备，注意接口信息。

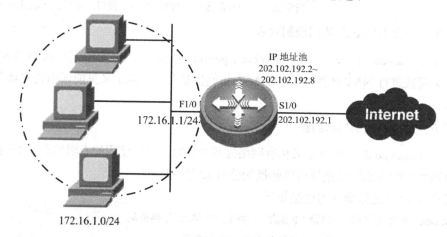

图 15-3　动态 NAT 应用场景

步骤 2——配置路由器动态 NAT

```
Router#configure terminal
Router(config)#interface fastEthernet1/0
Router(config-if)#ip address 172.16.1.1 255.255.255.0
Router(config-if)#ip nat inside

Router(config-if)#interface Serial1/0
Router(config-if)#ip address 202.102.192.1 255.255.255.0
Router(config-if)#ip nat outside
Router(config-if)#exit
```

```
Router(config)#access-list 10 permit 72.16.1.0 0.0.0.255
                        !配置允许访问互联网的校园网中地址范围，可以增加更多。
Router(config)#ip nat pool ruijie 202.102.192.2 202.102.192.2 netmask
255.255.255.0
                                  !配置申请到一个公网的IP地址池范围。
Router(config)#ip nat inside source list 10 pool ruijie overload
          ! 配置企业办公网网中私有地址和一个公网的 IP 地址多次端口重载的映射关系
Router(config)#end

Router#show ip nat translations
......
```

 知识拓展

本单元模块主要介绍 NAPT 端口地址转换技术。和小组内的同学讨论下，小型的企业组织单位如何不使用 NAPT 端口地址转换技术，通过在单位内部架设一台代理服务器，代理单位内部的计算机访问互联网。

 认证测试

1. 将内部地址 192.168.1.2 转换为 192.1.1.3 外部地址正确的配置为（　　　）。

　　A. router(config)#ip nat source static 192.168.1.2 192.1.1.3

　　B. router(config)#ip nat static 192.168.1.2 192.1.1.3

　　C. router#ip nat source static 192.168.1.2 192.1.1.3

　　D. router#ip nat static 192.168.1.2

2. 查看静态 NAT 映射条目的命令为（　　　）。

　　A. show ip nat statistics 　　　　　　　　B. show nat ip statistics

　　C. show ip interface 　　　　　　　　　　D. show ip nat route

3. 下列配置中属于 NAPT 地址转换的是（　　　）。

　　A. ra(config)#ip nat inside source list 10 pool abc

　　B. ra(config)#ip nat inside source 1.1.1.1 2.2.2.2

　　C. ra(config)#ip nat inside source list 10 pool abc overload

　　D. ra(config)#ip nat inside source tcp 1.1.1.1 1024 2.2.2.2 1024

4. 什么时候需要 NAPT？（　　　）

　　A. 缺乏全局 IP 地址

　　B. 没有专门申请的全局 IP 地址，只有一个连接 ISP 的全局 IP 地址

　　C. 内部网要求上网的主机数很多

　　D. 提高内网的安全性

5. 常以私有地址出现在 NAT 技术当中的地址概念为（　　　　）。

A. 内部本地

B. 内部全局

C. 外部本地

D. 转换地址

任务 16
配置 PPP 安全技术，实现
企业网安全接入互联网

 一、任务描述

越峰商贸公司是家小型电子商务公司，组建有一个简单的办公室网络，为了实现办公网络接入外部互联网，企业在网络改造过程，购买了一台简单的二手路由器，希望优化办公网接入互联网的管理功能。为了保障公司安全接入互联网，公司希望实施 chap 安全接入认证技术，保障公司安全接入互联网。

 二、任务分析

局域网的设备接入互联网过程中，有很多种接入技术。其中企业网在使用路由器设备接入互联网过程中，不仅仅可以保障高速的传输效率，还可以增强网络更多的管理功能。

在默认情况下，路由器接入互联网的 Serial 接口链路层封装的是 HDLC 协议；有些企业为了安全需要，就需要改为具有安全认证功能的 PPP 协议。

三、知识准备

16.1 什么是广域网

广域网（Wide Area Network,WAN）通常跨接很大的物理范围，所覆盖的范围从几十公里到几千公里，它能连接多个城市或国家，或横跨几个洲并能提供远距离通信，形成国际性的远程网络。

广域网目前应用于大部分行业。在教育行业中主要应用于出口链路。金融行业主要应用于各级分行的互联，如图 16-1 所示。政府行业主要应用于各级部门的互联。

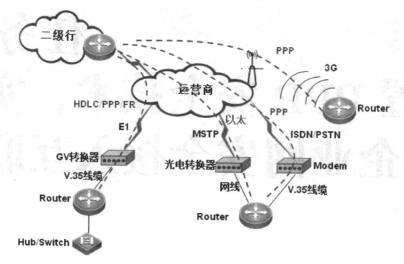

图 16-1　广域网链路结构

16.2　广域网链路类型

广域网类型可分为专线、电路交换、分组交换、VPN 等类型。

广域网的网络拓扑结构，由一些结点交换机以及连接这些交换机的链路组成。节点交换机之间使用点到点连接，实现网络中传输数据的传输转发。常见的 WAN 接入技术有如下几种。

1．点对点链路

点对点链路提供一条预先建立，从客户端经过运营商网络到达远端目标网络通信路径，网络运营商负责点对点链路的维护和管理。一条点对点链路通常是一条租用的专线，可以在数据收发双方之间建立起永久性的固定连接。

点对点链路可以提供两种数据传送方式：一种是数据报传送方式，该方式将数据分割成一个一个小的数据帧进行传送，其中每一个数据帧都带有自己的地址信息，在传输过程中进行地址校验；另一种是数据流方式，与数据报传送方式不同，该方式用数据流取代一个一个的数据帧作为数据发送单位，整个数据流使用一个地址信息，只需要进行一次地址验证即可实现通信。如图 16-2 所显示，就是一个典型的跨越广域网的点对点链路。

图 16-2　广域网点对点链路

2．电路交换

电路交换技术是广域网传输中经常使用一种交换方式。在电路交换过程中，通过运营商网络为每一次会话过程建立、维持和终止一条专用物理电路。电路交换也可以提供数据包和数据流两种转送方式。电路交换在电信运营商的网络中被广泛使用，其操作过程与普通的电话拨叫过程非常相似。综合业务数字网（ISDN）就是一种采用电路交换技术的广域网技术。

3．虚电路

虚电路也是广域网传输中经常使用一种方式。和电路交换技术中使用物理电路连接传输不同的是，虚电路是一种逻辑电路，在两台网络设备之间建立一条虚拟链接，实现可靠通信。

虚拟电路有两种不同形式，分别是交换虚拟电路（SVC）和永久虚拟电路（PVC）。

（1）交换虚拟电路（SVC）

SVC 是一种按照需求，动态建立的虚拟电路。当数据传送结束时，电路将会被自动终止。SVC 主要包括三个阶段，即电路创建、数据传送和电路终止。其中：电路创建阶段主要在通信双方设备之间建立虚拟电路；数据传输阶段通过虚拟电路在设备之间传送数据；电路终止阶段则撤销在通信设备之间建立起来虚拟电路。SVC 主要用于非经常性的数据传输网络，这是因为在电路创建和终止阶段，SVC 需要占用更多的网络宽带。不过相对于永久性虚拟电路来说，SVC 的传输成本较低。

（2）永久虚拟电路（PVC）

PVC 是一种永久建立的虚拟电路，只是有数据报传输一种模式。PVC 可以应用于数据传输频繁的网络环境，这是因为 PVC 不需要频繁创建或终止电路，并由此产生而占用的额外带宽。所以对带宽的利用率更高，不过在网络中，建立永久性虚拟电路的成本较高。

4．包交换

包交换也是广域网上经常使用交换技术。通过包交换，运营商网络在设备之间进行数据包的传递，网络设备可以共享一条点对点链路。

包交换主要采用统计复用技术，在多台设备之间实现电路共享。ATM、祯中继、SMDS以及 X.25 等，都是采用包交换技术。

16.3 PPP 协议

PPP（Point-to-Point Protocol，点到点协议）是为在同等单元之间传输数据包这样的简单链路设计的链路层协议。这种链路提供全双工操作，并按照顺序传递数据包。

设计目的主要是通过拨号或专线方式建立点对点连接发送数据，使其成为各种主机、交换机和路由器之间简单连接的一种共通的解决方案。

1992 年 Internet IETF 制定点到点数据链路协议 PPP（Point-to-Point Protocol）标准。点到点协议 PPP 为了在对等单元之间，传输数据链路层协议，按照一定顺序传递数据包，提供全双工操作。在点对点链路上，PPP 提供封装多协议数据报（IP 、IPX 和 AppleTalk）的标准方法。它具有以下特性。

- 能够控制数据链路的建立。
- 能够对 IP 地址进行分配和使用。
- 允许同时采用多种网络层协议。

- 能够配置和测试数据链路。
- 能够进行错误检测。
- 支持身份验证。
- 有协商选项，能够对网络层的地址和数据压缩等进行协商。

16.4　PPP 协议组件

PPP 协议主要包括三项组件：PPP 协议封装方式、LCP 协议协商过程和 NCP 协议协商过程。

其中：物理层完成物理链接，自动匹配链路两端封装格式；LCP 位于物理层之上，通过 LCP 在链路上协商和设置选项；使用 NCP 协议对多种网络层协议进行封装及选项协商。

最初由 LCP 发起链路建立、配置和测试，在 LCP 初始化后，才通过网络控制协议 NCP 传送特定协议族通信，其中 LCP 的组成如图 16-3 所示。

- 身份验证（Authentication）：使用两种验证确保呼叫者身份合法，两种验证为 PAP 和 CHAP。
- 压缩（Compression）：通过减少链路中数据帧大小，提高 PPP 线路吞吐量；到达目的地后，协议对数据帧进行解压缩。
- 错误检测（Error-Detection）：错误检测机制使进程能够识别错误情形。
- 多链路（Multilink）：使用路由器接口提供负载均衡功能。
- PPP 回拨（PPP callback）：进一步提高网络安全。在 LCP 选项作用下，路由器承担回拨客户或回拨服务器角色。发起一个初始呼叫，请求回拨，并终止初始呼叫。

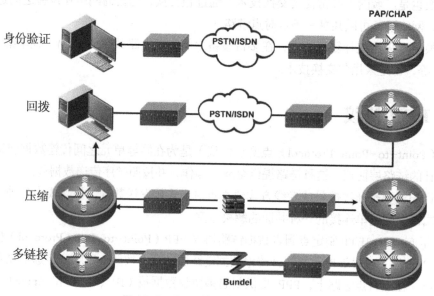

图 16-3　PPP 协议中 LCP 层连接选项

16.5　PAP 和 CHAP 认证

默认情况下，PPP 协议通信两端不进行认证。但为了安全起见，在 LCP 的请求报文中，可选择二者之一认证：PAP 安全认证和 CHAP 安全认证。设备默认支持一个默认认证方式（PAP 是大部分设备所默认认证方式）。

PPP 支持两种授权协议：

● 密码验证协议 PAP（Password Authentication Protocol）安全认证；

● 挑战握手后验证协议 CHAP（Challenge Hand Authentication Protocol）安全认证。

1. 密码验证 PAP 认证

密码验证协议 PAP 通过两次握手机制，为远程节点提供简单认证方法。

PAP 认证过程非常简单，发起方为被认证方，使用明文格式发送用户名和密码，可以做无限次的尝试（暴力破解）。只在链路建立阶段进行 PAP 认证，一旦链路建立成功，将不再进行认证。目前在 PPPoE 拨号环境中应用比较常见。

首先被验证方向验证方发送认证请求（包含用户名和密码），主验证方接到认证请求，再根据被验证方发来用户名，到数据库认证"用户名+密码"是否正确。

如果数据库中有与用户名和密码一致选项，则会向对方返回一个认证请求响应，告诉对方认证已通过。如果用户名与密码不符，则向对方返回验证不通过响应报文。

如图 16-4 所示场景，为密码验证 PAP 认证，二次握手的认证过程。

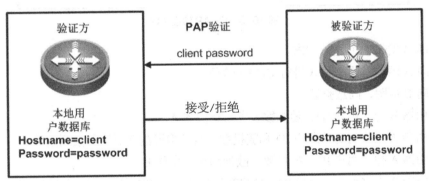

图 16-4　PAP 验证二次握手的认证过程

在 PPP 链路建立后，PAP 被验证方重复向验证方发送用户名和密码，直到验证通过或链路终止。身份验证在链路上以明文发送，而且由于验证重试频率和次数由远程节点控制，因此不能防止回放攻击和重复尝试攻击，不是一种健康身份验证协议。

2. 挑战握手验证 CHAP 认证

验证一开始，由验证方向被验证方发送一段随机报文，并加上自己主机名，统称这个过程叫做挑战。挑战握手验证协议 CHAP（Challenge Hand Authentication Protocol）使用三次握手机制，为远程节点提供安全认证。

与 PAP 认证比起来，CHAP 认证更具安全性。CHAP 认证过程比较复杂，使用三次握手机制。在认证过程中，使用密文格式发送 CHAP 认证信息，只在网络上传送用户名而不传送口令，因此安全性比 PAP 高。验证过程也由认证方发起 CHAP 认证，有效避免"暴力破解"。

当被验证方收到验证方验证请求，提取验证方发来的主机名，根据该主机名在后台数据库中查找，找到该用户名对应密钥、报文 ID 后，向验证方发送随机报文，使用 Md5 加密算法生成应答，将应答和自己主机名送回。

验证方收到被验证方发送回应，也提取被验证方用户名，查找本地数据库，找到与被验证方一致用户名所对应密钥、报文 ID 后，向随机报文，使用 Md5 加密算法生成结果。

再和被验证方返回应答比较，相同，则返回 Ack（配置确认）；否则返回 Nak（配置否认）。如图 16-5 为 CHAP 的认证过程。

如果是 CHAP 验证方式，在 PPP 链路建立后，验证方发送一个挑战消息到被验证方。远程节点使用一个数值来回应挑战。这个数值由单向哈希函数（MD5）基于密码和挑战消息计算得出，因此其认证过程具有非常高安全性，目前在企业网远程接入环境中比较常见。

如图 16-5 所示，显示 CHAP 验证过程，其中 RouterA 为验证方，RouterB 作为被验证方。

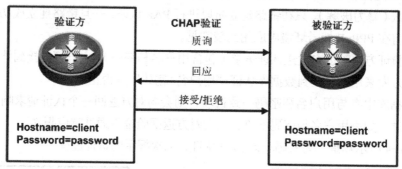

图 16-5　CHAP 验证过程

- A 向 B 发起 PPP 连接请求。
- B 向 A 声明，要求对 A 进行 CHAP 验证。
- A 向 B 声明，同意验证。
- 路由器 B 把"用户 ID，随机数"发给路由器 A。
- 路由器 A 用收到的"用户 ID 和随机数"与"自己的密码"做散列运算。
- 路由器 A 把"用户 ID、随机数、散列结果"发给 B。
- 路由器 B 用收到的"用户 ID、随机数"与"自己的密码"做散列运算，把散列运算结果与"A 发过来的散列运算结果"进行比较，结果一样，验证成功；结果不一样，验证失败。

16.6　配置 PPP 协议

1. 配置 PPP 封装

路由器的 Serial 口，在默认情况下，其链路层封装的是 HDLC 协议。

如果要封装 PPP 协议，需要在接口模式下使用命令配置完成，配置命令如下：

```
Router(config-if) # encapsulation encapsulation-type
```

通信双方必须使用相同封装协议，如果一端使用 HDLC 协议封装，而另一端使用 PPP 协议封装，则双方封装协议不对等，协商将失败，通信无法进行。

2. 配置 PAP 验证

PAP 认证配置共分为 3 个步骤：

- 首先，建立本地口令数据库；
- 其次，要求进行 PAP 认证；
- 最后，完成 PAP 认证客户端配置。

（1）建立本地口令数据库

建立本地口令数据库验证，可以检查远程设备是否有资格建立连接。配置验证时，每个路由器必须创建连接对端路由器的用户名和口令。需要在全局模式下完成配置命令。

```
Router(config) # username 用户名 password  口令文本
```

（2）进行 PAP 认证。

进行 PAP 认证，需要在相应接口配置模式下，使用如下命令来完成：

```
Router(config)#ppp authentication { chap | pap } [ callin ]
```

其中参数：

chap 是在接口上启用 CHAP 认证，PAP 是在接口上启用 PAP 认证；Callin 表示只有对端作为拨入端才允许单向 CHAP 或者 PAP 认证，该参数只用于异步拨号接口。

（3）PAP 认证客户端的配置

PAP 认证客户端配置，需要一条命令，将用户名和口令发送到对端，如下命令配置：

```
Router(config)#ppp pap sent-username username password
```

其中参数 usename 是 PAP 认证中发送用户名，password 是 PAP 认证中发送口令。

3. 配置 CHAP 验证

CHAP 一方认证的配置共分为两个步骤：

- 首先，建立本地口令数据库；
- 其次，要求进行 CHAP 认证。

（1）配置验证所需的用户名和密码

```
Router（config）# username 用户名 password 密码
```

! 用户名为对方设备使用 hostname 设置的设备名。密码两端设备应配置相同。

（2）启用 CHAP 验证

```
Router (config-if) # ppp authentication chap
```

! 在广域网端口上启用 CHAP 认证

 四、任务实施

16.7 综合实训：配置 PPP 安全技术，实现企业网安全接入互联网

【网络场景】

如图 16-6 所示的网络场景，是越峰商贸公司使用一台简单的二手路由器，实现办公网络接入外部互联网。为了保障公司安全接入互联网，公司希望实施 CHAP 安全接入认证技术，保障公司安全接入互联网。

【设备清单】路由器（2台）；网线（若干根）；测试PC（2台）。

【工作过程】

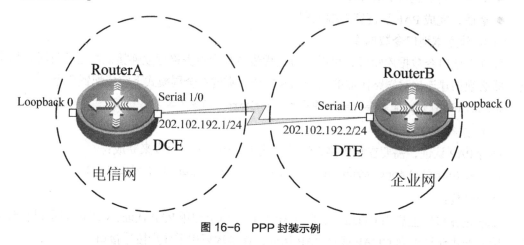

图 16-6　PPP 封装示例

1. 电信接入端路由器 RouterA

配置过程如下：

```
RouterA(config)#

RouterA(config)# interface  loopback 0

RouterA(config-if)#ip adderss 192.102.192.1 255.255.255.0

RouterA(config-if)#no shutdown


RouterA(config)# interface serial 1/0

RouterA(config-if)#clock rate 64000          ! 配置电信端设备时钟

RouterA(config-if)#ip adderss 202.102.192.1 255.255.255.0

RouterA(config-if)# encapsulation  PPP       ! WAN 接口上封装 PPP 协议

RouterA(config-if)#no shutdown

RouterA(config-if)#exit


RouterA(config)# show interface serial 1/0   ! 查看接口配置信息及工作状态
……
```

2. 企业网接入路由器 RouterB

配置过程如下：

```
RouterB(config)#

RouterBconfig)# interface  loopback 0

RouterB(config-if)#ip adderss 192.102.192.1 255.255.255.0

RouterB(config-if)#no shutdown


RouterB(config)# interface serial 0
```

```
RouterB(config-if)#ip adderss 202.102.192.2 255.255.255.0
RouterB(config-if)# encapsulation PPP        ！WAN 接口上封装 PPP 协议
RouterB(config-if)#no shutdown
RouterB(config-if)#exit
```

```
RouterB(config)# show interface serial 1/0        ！查看接口配置信息及工作状态
......
```

3．配置路由器安全认证技术

接下来，将电信端路由器 RouterA 作为"验证方"，企业网 RouterB 作为"被验证方"，使用用户名为"user1"，口令为"password"进行验证，启用 PPP 协议 CHAP 认证。

```
RouterA(config)# username RouterB password 0 password
                                     ！ 为被验证方建立数据库，提供用户名和密码
RouterA(config)# interface serial 1/0
RouterA(config-if)# encapsulation PPP        ！WAN 接口上封装 PPP 协议
RouterA(config-if)# ppp authentication chap   ！使用 PPP 协议的 CHAP 认证
RouterA(config-if)#no shutdown
```

```
RouterB(config)# username RouterA password 0 password
                                     ！ 为验证方建立数据库，提供用户名和密码
RouterB(config)# interface serial 1/0
RouterB(config-if)# encapsulation PPP        ！WAN 接口上封装 PPP 协议
RouterB(config-if)# ppp authentication chap   ！使用 PPP 协议的 CHAP 认证
RouterB(config-if)#no shutdown
```

通过以上配置，路由器 RouterA、RouterB 将建立起基于 PAP 或 CHAP 的认证。

但是认证双方选择的认证方法必须相同，例如一方选择 PAP，另一方选择 CHAP，这时双方的认证协商将失败。

为了避免身份认证协议过程中出现这样的失败，可以配置路由器使用两种认证方法。当第一种认证协商失败后，可以选择尝试用另一种身份认证方法。

 知识拓展

本单元模块主要介绍企业网接入互联网的安全 PPP 安全认证技术。把上述的安全认证实训过程，通过 PAP 认证技术再实施一遍，比较二者之间的异同点，分别使用在什么场合更合适。

 认证测试

1．下列描述正确的是（   ）。

A．PAP 协议是两次握手完成验证，存在安全隐患

B．chap 是两次握手完成验证

C. chap 是三次握手完成验证，安全性高于 pap

D. pap 占用系统资源要小于 chap

2. 配置 pap 验证客户端的命令有（　　　）。

A. RA(config-if)#encapsulation ppp

B. RA(config-if)#ppp authenatication pap

C. RA(config-if)#ppp pap sent-username ruijie password 123

D. RA(config)#username ruijie password 123

3. 下列哪些属于广域网协议？（　　　）

A. PPP

B. FRAME-RELAY

D. ISDN

E. OSPF

4. 广域网工作在 OSI 参考模型中哪一层？（　　　）

A. 物理层和应用层

B. 物理层和数据链路层

C. 数据链路层和网络层

D. 数据链路层和表示层

5. 如果线路速度是最重要的要素，将选择什么样的封装类型？（　　　）

A. PPP

B. HDLC

C. 帧中继

D. SLIP

项目 17
配置接入交换机端口安全，
保障终端计算机接入安全

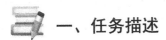 **一、任务描述**

浙江科技工程学校多媒体实训中心机房，学生在上课期间使用 U 盘复制资料，经常造成了机房病毒的传播，特别是 ARP 病毒的攻击，经常造成全校的网络中断现象发生。

为了避免各个多媒体教室计算机的 ARP 等病毒传播，学校的网络中心通过实施接入交换机的端口地址捆绑安全，防范接入设备的安全。

 二、任务分析

安装在网络中的交换机设备能帮助接入设备高速的传输。默认的情况下，交换机的所有端口不提供任何安全检查措施，允许所有的数据流通过。但这样一来，终端计算机一旦感染上病毒，就会通过接入交换机设备，传播到整个网络中，影响网络的正常运行。因此为保护网络内的用户安全，对交换机的端口增加安全访问功能，可以有效保护网络安全。

 三、知识准备

17.1 保护终端设备接入安全

交换机的端口是连接网络终端设备重要关口，加强交换机的端口安全是提高整个网络安全的关键。在一个交换网络中，如何过滤办公网内的用户通信，保障安全有效的数据转发？如何阻挡非法用户，网络安全应用？如何进行安全网络管理，及时发现网络非法用户、非法行为及远程网络管理信息的安全性……都是网络构建人员首先需要考虑的问题。

默认的情况下，交换机的所有端口都是完全敞开，不提供任何安全检查措施，允许所有的数据流通过。因此为保护网络内的用户安全，对交换机的端口增加安全访问功能，可以有效保护网络安全。

交换机的端口安全是工作在交换机二层端口上一个安全特性，它主要有以下功能：

● 只允许特定 MAC 地址的设备接入到网络中，防止非法或未授权设备接入网络；

● 限制端口接入的设备数量，防止用户将过多的设备接入到网络中。

17.2　什么是交换机端口安全

利用端口安全这个特性，可以实现网络接入安全，通过限制允许访问交换机上某个端口的 MAC 地址以及 IP（可选），实现控制对该端口的输入。

为端口配置一些安全地址后，除了源地址为这些安全地址的包外，这个端口将不转发其他任何数据。此外，还可以限制一个端口上能包含的安全地址最大个数，如果将最大个数设置为 1，并且为该端口配置一个安全地址，则连接到这个口的工作站（其地址为配置的安全地址）将独享该端口的全部带宽。

为了增强安全性，可以将 MAC 地址和 IP 地址绑定起来作为安全地址。当然也可以只指定 MAC 地址，而不绑定 IP 地址。如果该端口收到一个源地址，不属于端口上的安全地址时，一个安全违例将产生。当安全违例产生时，可以选择多种方式来处理违例，如丢弃接收到数据包，发送违例通知或关闭相应端口等。

17.3　交换机安全端口安全技术

大部分网络攻击行为，都采用欺骗源 IP 或源 MAC 地址方法，对网络核心设备进行连续数据包的攻击，从而耗尽网络核心设备系统资源，如典型的 ARP 攻击、MAC 攻击、DHCP 攻击等。这些针对交换机端口产生的攻击行为，可以启用交换机的端口安全功能来防范。

1. 配置端口安全地址

通过在交换机某个端口上，配置限制访问 MAC 地址以及 IP（可选），可以控制该端口上的数据安全输入。当交换机的端口配置端口安全功能后，设置包含有某些源地址的数据是合法地址数据后，除了源地址为安全地址的数据包外，这个端口将不转发其他任何包。

为了增强网络的安全性，还可以将 MAC 地址和 IP 地址绑定起来，作为安全接入的地址，实施更为严格的访问限制，当然也可以只绑定其中一个地址，如只绑定 MAC 地址而不绑定 IP 地址，或者相反，如图 17-1 所示。

图 17-1　非授权用户无法接入访问网络

2．配置端口安全地址个数

交换机的端口安全功能还表现在，可以限制一个端口上能连接安全地址的最多个数。如果一个端口被配置为安全端口，配置有最多的安全地址的连接数量，当连接的安全地址的数目达到允许的最多个数，或者该端口收到一个源地址不属于该端口上的安全地址时，交换机将产生一个安全违例通知。

交换机端口安全违例产生后，可以选择多种方式来处理违例，如丢弃接收到的数据包，发送违例通知或关闭相应端口等。如果将交换机上某个端口只配置一个安全地址时，则连接到这个端口上的计算机（其地址为配置的安全地址）将独享该端口的全部带宽。

3．端口安全检查过程

当一个端口被配置成为一个安全端口后，交换机不仅将检查从此端口接收到帧的源 MAC 地址，还检查该端口上配置的允许通过最多安全地址个数。

如果安全地址数没有超过配置最大值，交换机还将检查安全地址表。若此帧源 MAC 地址没有被包含在安全地址表中，那么交换机将自动学习此 MAC 地址，并将它加入到安全地址表中，标记为安全地址，进行后续转发；若帧的源 MAC 地址已经存在于安全地址表中，那么交换机将直接转发该帧。配置端口安全存在以下限制：

- 一个安全端口必须是 Access 端口及连接终端设备端口，而非 Trunk 端口；
- 一个安全端口不能是一个聚合端口（Aggregate Port）。

17.4 配置端口最大连接数

最常见的对交换机端口安全的理解，就是根据交换机端口上连接设备的 MAC 地址，实施对网络流量的控制和管理，如限制具体端口上通过的 MAC 地址的最多连接数量，这样可以限制终端用户非法使用集线器等简单的网络互联设备，随意扩展企业内部网络的连接数量，造成网络中流量的不可控制，增大网络的负载。

要想使交换机的成为一个安全端口，需要在端口模式下，启用端口安全特性：

```
Switch(config-if)#switchport port-security
```

当交换机端口上所连接安全地址数目，达到允许的最多个数，交换机将产生一个安全违例通知。启用端口安全特性后，使用如下命令为端口配置允许最多的安全地址数：

```
Switch(config-if)#switchport port-security maximum number
```

默认情况下，端口的最多安全地址个数为 128 个。

当安全违例产生后，可以设置交换机，针对不同的网络安全需求，采用不同安全违例的处理模式，其中：

- Protect ：当所连接端口通过安全地址，达到最大的安全地址个数后，安全端口将丢弃其余未知名地址（不是该端口的安全地址中任何一个）数据包，但交换机将不做出任何通知以报告违规的产生。
- RestrictTrap：当安全端口产生违例事件后，交换机不但丢弃接收到的帧（MAC 地址不在安全地址表中），而且将发送一个 SNMP Trap 报文，等候处理。

- Shutdown：当安全端口产生违例事件后，交换机将丢弃接收到的帧（MAC 地址不在安全地址表中），发送一个 SNMP Trap 报文，而且将端口关闭，端口将进入 "err-disabled" 状态，之后端口将不再接收任何数据帧。

在特权模式下，通过以下步骤，配置安全端口和违例处理方式。

```
switchport port-security          ! 打开接口的端口安全功能
switchport port-security maximum value
                          ! 设置接口上安全地址最多个数，范围是 1～128，默认值为 128
switchport port-security violation { protect | restrict | shutdown }
                   ! 设置接口违例方式，当接口因为违例而被关闭后选择方式
```

在特权模式下，通过以下命令配置，恢复安全端口和违例处理方式到默认工作状态。

```
No swithcport port-security                ! 关闭接口端口安全功能
No swithcport port-security maximum        ! 恢复交换机端口默认连接地址个数
No swithcport port-security violation      ! 将违例处理置为默认模式
```

17.5 绑定交换机端口安全地址

实施交换机端口安全的管理，还可以根据 MAC 地址限制端口接入，实施网络安全，比如把接入主机的 MAC 地址与交换机相连的端口绑定。通过在交换机的指定端口上，限制带有某些接入设备的 MAC 地址帧流量通过，实现对网络接入设备安全控制访问。当需要手工指定安全地址时，使用如下命令配置：

```
switchport port-security mac-address mac-address
```

当主机的 MAC 地址与交换机连接端口绑定后，交换机发现主机 MAC 地址与交换机上配置 MAC 地址不同时，交换机相应的端口将执行违例措施，如连接端口 Down 掉。

在交换机上配置端口安全地址的绑定操作，通过以下命令和步骤手工配置。

```
Switchport port-security mac-address mac-address   [ip-address ip-address]
                                        ! 手工配置接口上的安全地址
Switch (config-if)#switchport port-security mac-address 00-90-F5-10-79-C1
                                        ! 配置端口的安全
MAC 地址
Switchport port-security maximum 1
                                        ! 限制此端口允许通过 MAC 地址数为 1
Switchport port-security violation shutdown
                                        ! 当配置不符时端口 down 掉
Show port-security address              ! 验证配置
No switchport port-security mac-address mac-address   ! 删除该接口安全地址
```

以下配置示例说明，在交换机的接口 0/3 上，配置安全端口功能；为该接口配置一个安全 MAC 地址 "00d0.f800.073c"，并绑定 IP 地址 "192.168.12.202"。

```
Switch # configure terminal
```

```
Switch (config) # interface fa0/3
Switch (config-if) # switchport port-security
Switch (config-if) #switchport port-security mac-address 00d0.f800.073c
ip-address 192.168.12.202
```

 四、任务实施

17.6 综合实训：配置接入交换机端口安全，保障终端计算机接入安全

【网络场景】

如图 17-2 所示网络场景是浙江科技工程学校多媒体实训中心机房，由于学生在上课期间使用 U 盘复制资料，经常造成了机房病毒的传播。为了避免各个多媒体教室计算机 ARP 等病毒传播，学校网络中心通过实施接入交换机的端口地址捆绑安全，设置最多地址个数为 1，设置安全违例方式为 protect，防范接入设备的安全。

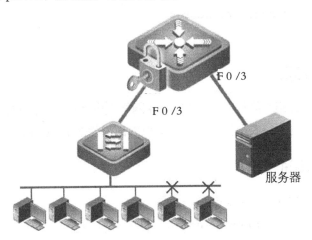

图 17-2　配置交换机端口安全

【设备清单】交换机（1 台）；计算机（2 台）；网线（若干）。

【实施过程】

1. 配置接入交换机的安全端口

```
Switch# configure terminal
Switch (config) # interface  range FastEthernet 0/0-24
Switch (config-range-if) # switchport  port-security
Switch (config-range-if) # switchport  port-security  maximum 1
Switch (config-range-if) # switchport  port-security  violation  protect
Switch (config-if) # end
```

2. 配置接入交换机端口上的安全地址

以下配置说明过程，说明如何配置交换机端口的安全地址，分别给交换机每一个端口配置上其连接设备的安全地址。

```
Switch#configure
Switch(config)#interface fastEthernet 0/1
Switch(config-if)#switchport port-security
Switch(config-if)#switchport port-security mac-address 0001.0001.0001
Switch(config-if)#switchport port-security maximum 1
Switch(config-if)#switchport port-security violation shutdown
Switch(config-if)#end
......
```

3. 查看接入交换机端口的安全

查看端口安全配置及安全端口信息，可以使用"show"命令查看接口安全信息。

```
Switch#show port-security interface fastEthernet 0/1
......
Switch#show port-security address
......
```

 知识拓展

本单元模块主要介绍交换机的安全技术。在网络上查找资料，了解什么是 ARP 攻击技术；如何通过配置交换机的端口安全技术，防范单位内部滋生的 ARP 攻击安全事件。

认证测试

1. 下列查看端口 F0/1 安全命令正确的是（　　）。
   A. switch#show security-port interface F0/1
   B. switch#show interface F0/1 security-port
   C. switch#show port-security interface F0/1
   D. switch#show port-security fastethernet 0/1

2. 以下对交换机安全端口描述正确的是（　　）。
   A. 交换机安全端口的模式可以是 trunk
   B. 交换机安全端口违例处理方式有两种
   C. 交换机安全端口模式是默认打开的
   D. 交换机安全端口必须是 access 模式

3. 在锐捷路由器 CLI 中发出的 Ping 命令后，显示"U"代表什么（　　）。
   A. 数据包已经丢失
   B. 遇到网络拥塞现象

C. 目的地不能到达

D. 成功地接收到一个回送应答

4. 当端口因违反端口安全规定而进入"err-disabled"状态后，使用什么命令将其恢复（   ）。

    A. errdisable recovery

    B. no shu

    C. recovery errdisable

    D. recovery

5. 清除路由器密码时，在 boot 模式下执行的命令应该是（   ）。

    A. setup-reg

    B. setup

    C. reset

    D. setup-config

任务 18
配置交换机镜像安全，
监控可疑终端设备安全

 一、任务描述

浙江科技工程学校多媒体实训中心机房，学生在上课期间使用 U 盘复制资料，经常造成了机房病毒的传播，特别是 ARP 病毒的攻击，经常造成全校的网络中断现象发生。

为了重点监控多媒体教室中个别计算机的安全状况，通过实施接入交换机的端口镜像安全技术，监控可疑终端设备，防范接入设备的安全。

 二、任务分析

在网络中安装 IDS、IPS、IDP 等安全监控设备，可以监控网络中的计算机设备的安全状况，但这样需要很高的网络运行成本。在安全要求不高的网络场景中，通过实施接入交换机的端口镜像安全技术，在交换机中设置镜像（SPAN） 端口，可以对某些可疑端口进行监控，同时又不影响被监控端口的数据交换，网络中提供实时监控功能。

 三、知识准备

18.1　交换机的镜像安全技术

在日常进行的网络故障排查、网络数据流量分析的过程中，有时需要对网络中的接入或骨干交换机的某些端口进行数据流量监控分析，以了解网络中某些端口传输的状况，交换机的镜像安全技术可以帮助实现这一效果。通过在交换机中设置镜像（SPAN）端口，可以对某些可疑端口进行监控，同时又不影响被监控端口的数据交换，网络中提供实时监控功能。

大多数交换机都支持镜像技术，这可以实现对交换机进行方便的故障诊断。通过分析故障交换机的数据包信息，了解故障的原因。这种通过一台交换机监控同网络中另一台的过程，称之为"Mirroring"或"Spanning"。

在网络中监视进出网络的所有数据包，供安装了监控软件的管理服务器抓取数据，了解网络安全状况，如网吧需提供此功能把数据发往公安部门审查。而企业出于信息安全、保护公司机密的需要，也迫切需要端口镜像技术。在企业中用端口镜像功能，可以很好地对企业内部的网络数据进行监控管理，在网络出现故障的时候，可以做到很好地故障定位。

18.2 什么是镜像技术

镜像（Mirroring）是将交换机某个端口的流量拷贝到另一端口（镜像端口），进行监测。

交换机的镜像技术（Port Mirroring）是将交换机某个端口的数据流量，复制到另一个端口（镜像端口）进行监测安全防范技术。大多数交换机都支持镜像技术，称为 Mirroring 或 Spanning，默认情况下交换机上的这种功能是被屏蔽。

通过配置交换机端口镜像，允许管理人员设置监视管理端口，监视被监视的端口的数据流量。复制到镜像端口数据，通过 PC 上安装网络分析软件查看，通过对捕获到的数据分析，可以实时查看被监视端口的情况。镜像监控技术的网络场景如图 18-1 所示。

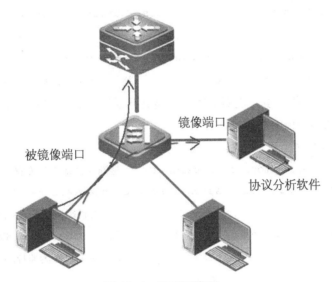

图 18-1　端口镜像拓扑

18.3 镜像技术术语

端口镜像可以让用户将所有的流量，从一个特定的端口复制到一个镜像端口。 如果网络中的交换机提供端口镜像功能，则允许管理人员设置一个监视管理端口来监视被监视端口的数据。监视到的数据可以通过 PC 上安装的网络监控软件来查看，解析收到的数据包中的信息内容，通过对数据的分析，可以实时查看被监视端口的通信状况。

交换机把某一个端口接收或发送的数据帧完全相同的复制给另一个端口，其中：

● Port Mirroring

被复制的端口称为镜像源端口，通常指允许把一个端口的流量复制到另外一个端口，同时这个端口不能再传输数据。

● Monitoring Port

复制的端口称为镜像目的端口，也称监控端口。

18.4　配置交换机端口镜像技术

大多数三层交换机和部分二层交换机，都具备端口镜像功能，不同的交换机或不同的型号，镜像配置的方法有些区别。

在特权模式下，按照以下步骤可创建一个 SPAN 会话，并指定目的端口（监控口）和源端口（被监控口）。

```
Switch config)# monitor session 1 source interface fastEthernet 0/10 both
                                                    !设置被监控口
                          !　both：镜像源端口接收和发出的流量，默认为 both。
Switch config)# monitor session 1 destination interface fastEthernet 0/2
                                                    !设置监控口
Switch config)#no monitor session session_number          !清除当前配置
Switch# show monitor session 1            !显示镜像源、目的端口配置信息
```

如图 18-1 所示网络场景，说明如何在交换机上创建一个 SPAN 会话 1，配置端口镜像，实现网络内部的数据通信的监控。

```
Switch#configure
Switch(config)# no monitor session 1    !将当前会话 1 的配置清除
Switch(config)# monitor session 1 source interface FastEthernet0/1 both
                                !设置端口 1 的 SPAN 帧镜像到端口 8
Switch(config)# monitor session 1 destination interface FastEthernet 0/8
                                !设置端口 8 为监控端口，监控网络流量
Switch# show monitor session 1
…… ……
```

 四、任务实施

18.5　综合实训：配置交换机镜像安全，监控可疑终端设备安全

【网络场景】

如图 18-2 所示的网络场景，是浙江科技工程学校多媒体实训中心机房安全防范网络场景。为了重点监控多媒体教室中个别计算机的安全状况，通过实施接入交换机的端口镜像安全技术，将异常的流量镜像到管理员计算机上，然后抓取数据包，通过 Sniffer 数据包分析软件，实现网络的安全防范功能。

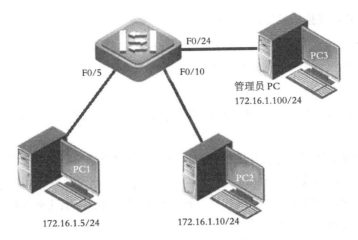

图 18-2　配置交换机端口镜像

【设备清单】二层交换机（1台）；计算机（3台）；Ethereal 抓包软件；网线（3条）。

【工作过程】

步骤1——安装网络工作环境

按图 18-2 所示网络拓扑，连接网络设备，组建网络场景，注意设备连接。

步骤2——IP 地址规划

按表 18-1 规地址结构，设置 PC1、PC2 和 PC3 地址。

表 18-1　学校机房设备 IP 地址

设备名称	IP 地址	子网掩码	网　关	备　注
PC1	172.16.1.5	255.255.255.0	无	Fa0/5 接口
PC2	172.16.1.10	255.255.255.0	无	Fa0/10 接口
PC3 教师机	172.16.1.100	255.255.255.0	无	Fa0/24 接口

步骤3——测试网络连通性

在 PC1 计算机上，转到 DOS 环境，使用"ping"命令来测试到全网的互通性。由于是交换机连接的交换网络，交换机未实施任何安全保护，以上测试均能连通。

步骤4——配置交换机镜像口

使用下列命令配置交换机被监控端口和监控端口。

```
Switch #configure terminal
Switch (config)#monitor session 1 source interface fastEthernet 0/5 both
                                        ! 配置被监控端口 F0/5
Switch (config)#monitor session 1 destination interface f0/24
                                    ! 配置监控端口 F0/24
Switch (config)#monitor session 1 source interface fastEthernet 0/10 both
                                    ! 配置被监控端口 F0/10
Switch (config)#monitor session 1 destination interface fastEthernet 0/24
```

步骤 5——验证交换机镜像口（1）

（1）在教师机 PC3 计算机上，使用 "Ping" 命令，测试网络中的计算机之间连通性。

```
Ping  172.16.1.5          ！测试和学生机 1 连接
!!!!!
Ping  172.16.1.10         ！测试和学生机 2 连接
!!!!!
```

同一台交换机上互相连接的计算机之间，能实现正常通信，网络之间可以相互连通。

（2）在教师机 PC3 安装 Ethereal 抓包软件，该软件为网络上共享软件，在网上下载使用。

（3）在 PC3 上运行 Ethereal 抓包软件，设置好抓包参数后，捕获被监控计算机数据包。

（4）在学生机 PC1 上，转到 DOS 状态，运行 "ping 172.16.1.10 –t" 命令，看到作为镜像口上连接教师机，接收到来自网络上被监控计算机上数据包，如图 18-3 所示。

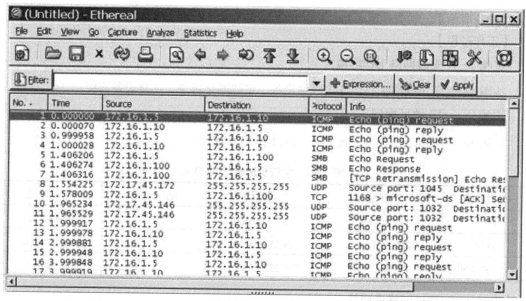

图 18-3　捕获数据包

步骤 6——取消交换机镜像口

在全局配置模式下，删除 SPAN 会话。

```
Switch #configure terminal
Switch (config)#no monitor session 1  source interface fastEthernet 0/5,0/10 both
Switch (config)#no monitor session 1 destination interface fastEthernet 0/24
Switch (config)#end
```

步骤 7——验证交换机镜像口（2）

在学生机器的 PC1 上，转到 DOS 状态，运行 "ping 172.16.1.10 –t" 命令。

然后再启动 Ethereal 抓包软件，如图 18-4 所示，已经抓不到 ICMP 包了。

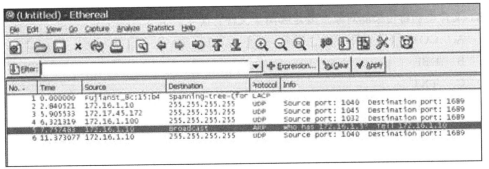

图 18-4　捕获数据包

 知识拓展

本单元模块主要介绍交换机的镜像安全技术。在网络上查找监控内部网络的数据异常安全专业设备 IDS 安全设备知识，说说 IDS 设备是如何监控网络内部数据异常流程，防范网络安全事件发生的。

 认证测试

1. 下列不属于计算机病毒的特点为（　　）。

    A. 破坏性

    B. 潜伏性

    C. 传染性

    D. 可读性

2. 病毒是一种（　　）。

    A. 可以传染给人的疾病

    B. 计算机自动产生的恶性程序

    C. 人为编制的恶性程序或代码

    D. 环境不良引起的恶性程序

3. 某路由器收到了一个 IP 数据报，在对其首部进行校验后发现该数据报存在错误，路由器最有可能采取的动作是（　　）。

    A. 纠正该 IP 数据报的错误

    B. 将该 IP 数据报返给源主机

    C. 抛弃该 IP 数据报

    D. 通知目的主机数据报出错

4. 会影响计算机网络服务器安全的有（　　）。

    A. 电子邮件炸弹

    B. 黑客犯罪

    C. 远程特洛伊木马程序

    D. 电子邮件附加文件

5. 文件型病毒传染的对象主要是哪两类文件？（　　　）

   A. .COM

   B. .DBF

   C. .TXT

   D. .EXE

任务 19
配置汇聚交换机安全，
限制子网之间安全

 一、任务描述

浙江科技工程学校多媒体实训中心机房，之前为了避免各个多媒体教室之间互相干扰，按教室分别在二层接入交换机上实施 VLAN 技术，把多媒体教室隔离开。后来为了加强管理，实施了机房网络的改造，实施子网技术，安装了三层交换机设备，通过在三层交换机上实施子网技术，实现了网络的互联互通。但互联互通的网络给网络管理和网络安全上，都带来了很多麻烦，需要实施访问控制列表技术，限制机房子网之间通信安全。

 二、任务分析

访问控制列表 ACL 最直接的功能便是包过滤。ACL 实际上是一张规则检查表，这些表中包含了很多简单的指令规则，告诉交换机或者路由器设备，哪些数据包是可以接收，哪些数据包是需要拒绝。标准访问控制列表（Standard IP ACL）检查数据包的源地址信息，数据包在通过网络设备时，设备解析 IP 数据包中的源地址信息，对匹配成功的数据包采取拒绝或允许操作。

三、知识准备

19.1　数据包过滤技术

访问控制列表 ACL（Access Control List），最直接的功能便是包过滤。通过访问控制列表（ACL）可以在路由器、三层交换机上进行网络安全属性配置，可以实现对进入到路由器、三层交换机的输入数据流进行过滤。

过滤输入数据流的定义可以基于网络地址、TCP/UDP 的应用等。可以选择对于符合过滤标准的流是丢弃还是转发，因此必须知道网络是如何设计的，以及路由器接口是如何在过滤设备上使用的。要通过 ACL 配置网络安全属性，只有通过命令来完成配置，无法通过 SNMP 来完成这些设置。

19.2 什么是访问控制列表技术

访问控制列表 ACL 技术是 Access Control List 的简写，简单的说法便是数据包过滤。网络管理人员通过对网络互联设备的配置管理，来实施对网络中通过的数据包的过滤，从而实现对网络中的资源进行访问输入和输出的访问控制。配置在网络互联设备中的访问控制列表 ACL 实际上是一张规则检查表，这些表中包含了很多简单的指令规则，告诉交换机或者路由器设备，哪些数据包是可以接收，哪些数据包是需要拒绝。

交换机或者路由器设备按照 ACL 中的指令顺序执行这些规则，处理每一个进入端口的数据包，实现对进入或者流出网络互联设备中的数据流过滤。通过在网络互联设备中灵活地增加访问控制列表，可以作为一种网络控制的有力工具，过滤流入和流出数据包，确保网络的安全，因此 ACL 也称为软件防火墙，如图 19-1 所示。

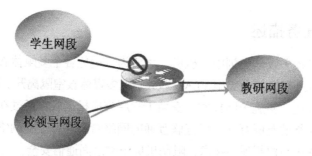

图 19-1　ACL 控制不同的数据流通过网络

19.3 访问控制列表的类型

访问控制列表 ACL 的类型主要分为 IP 标准访问控制列表（Standard IP ACL）和 IP 扩展访问控制列表（Extended IP ACL）；主要的动作为允许（Permit）和拒绝（Deny）如图 9-1 所示；主要的应用方法是入栈（In）应用和出栈（Out）应用。

访问控制列表 ACL 提供安全访问选择机制，它可以控制和过滤通过网络互联设备上接口信息流，对该接口上进入、流出数据进行安全检测。在网络互联设备上定义 ACL 规则，然后将定义好规则应用到检查的接口上。该接口一旦激活以后，就自动按照 ACL 中配置命令，针对进出每一个数据包特征进行匹配，决定该数据包被允许通过还是拒绝。在数据包匹配检查的过程中，指令的执行顺序自上向下匹配数据包，逻辑地进行检查和处理。

根据访问控制标准不同，ACL 分多种类型，实现不同网络安全访问控制权限。常见 ACL 有两类：标准访问控制列表（Standard IP ACL）和扩展访问控制列表（Extended IP ACL），在规则中使用不同的编号区别，其中标准访问控制列表的编号取值范围为 1~99；扩展访问控制列表的编号取值范围为 100~199。

两种 ACL 的区别是，标准 ACL 只匹配、检查数据包中携带的源地址信息；扩展 ACL 不仅仅匹配检查数据包中源地址信息，还检查数据包的目的地址，以及检查数据包的特定协议类型、端口号等。扩展访问控制列表规则大大扩展了数据流的检查细节，为网络的访问提供了更多的访问控制功能。

19.4 标准访问控制列表基础

标准访问控制列表（Standard IP ACL）检查数据包源地址信息，数据包在通过网络设备时，设备解析 IP 数据包中源地址，对匹配成功数据包采取拒绝或允许操作。在编制标准访问控制列表规则时，使用编号 1～99 区别同一设备上配置不同标准访问控制列表条数。

如果需要在网络设备上配置标准访问控制列表规则，使用以下的语法的格式：

```
Access-list  listnumber  {permit|deny}  source--address  [wildcard-mask]
```

其中：

listnumber 是区别不同 ACL 规则序号，标准访问控制列表的规则序号值的范围是 1～99；

Permit 和 deny 表示允许或禁止满足该规则的数据包通过动作；

source address 代表受限网络或主机的源 IP 地址；

wildcard - mask 是源 IP 地址的通配符比较位，也称反掩码，用来限定匹配网络范围。

小知识：通配符屏蔽码（wildcard-mask）

通配符屏蔽码又叫做反掩码，与 IP 地址是成对出现的，访问控制列表功能中所支持的通配符屏蔽码与子网屏蔽掩码的写法相似，都是一组 32 比特位的数字字符串，用点号分成 4 个 8 位组，每组包含 8 比特位。算法相似，都是"与"、"或"运算，但书写方式刚好相反，也就是说都使用 0 和 1 来标识信息，但二者具有不同的表示功能，工作原理不同。

在通配符屏蔽码中，二进制的 0 表示"匹配"、"检查"所对应的网络位，二进制的 1 表示"不关心"对应的网络位。而在子网屏蔽掩码中二进制的 0 表示网络地址位，二进制的 1 表示主机地址位信息。数字 1 和 0 用来决定是网络、子网，还是相应的主机的 IP 地址。

假设组织机构拥有一个 C 类网络 198.78.46.0，使用标准的子网屏蔽码为 255.255.255.0，标识所在的网络。而针对同一 C 类网络 198.78.46.0，在这种情况下使用通配符屏蔽码为 0.0.0.255，匹配网络的范围，因此通配符屏蔽码与子网屏蔽码正好是相反。

```
0.0.0.255        只比较前 24 位
0.0.3.255        只比较前 22 位
0.255.255.255    只比较前 8 位
```

19.5 配置标准访问控制列表技术

为了更好理解标准访问控制列表的应用规则，这里通过一个例子来说明。

某企业有一分公司，其内部规划使用的 IP 地址为 B 类的 172.16.0.0。通过总公司来控制所有分公司网络，每个分公司通过总部的路由器访问 Internet。现在公司规定只允许来自 172.16.0.0 网络的主机访问 Internet。要实现这点，需要在总部接入路由器上配置标准型访问控制列表，语句规则如下：

```
Router # configure terminal
Router (config)# access-list 1 permit  172.16.0.0  0.0.255.255
         ! 允许所有来自 172.16.0.0 网络中数据包通过，可以访问 Internet
```

```
Router (config) # access-list 1 deny  0.0.0.0  255.255.255.255
             !  其他所有网络的数据包都将丢弃，禁止访问 Internet
```

配置好访问控制列表规则后，还需要把配置好访问控制列表应用在对应接口上，只有当这个接口激活以后，匹配规则才开始起作用。

访问控制列表主要应用方向是接入（In ）检查和流出（Out）检查，控制接口中不同方向的数据包。如将编制好访问控制列表规则应用于路由器串口 0 上，使用如下命令：

```
Router > configure terminal
Router (config) # interface serial 0
Router (config-if) # ip access-group 1 in
```

19.6 配置命名的标准访问控制列表

上面介绍的都是编号的访问控制列表，基于编号的 IP ACL 是访问控制列表发展早期，应用最为广泛的技术之一。其中标准的 IP ACL 使用数字编号的范围为 1~99 和 1300~1999；扩展 IP ACL 使用数字编号的范围为 100~199 和 2000~2699。

但使用编号 IP ACL 不容易识别，数字不容易区分，特别是基于编号的 IP ACL 在修改上非常不方便。近些年来，随着设备性能改善以及技术进步，基于名称 IP ACL 应运而生，基于名称 IP ACL 在技术开发上，避免基于编号 IP ACL 应用上不足。

上面的案例，如果实施基于名称标准访问控制列表，语法规则如下：

```
Switch # configure terminal
Switch (config) # ip access-list standard Permit-172-Subnetwork
Switch(config-std-nacl)# permit  172.16.0.0  0.0.255.255
             !  允许所有来自172.16.0.0网络中数据包通过，可以访问 Internet
Switch(config-std-nacl)# deny  0.0.0.0  255.255.255.255
             !  其他所有网络的数据包都将丢弃，禁止访问 Internet
```

编制好的访问控制列表规则 1 应用于路由器的串口 0 上，使用如下命令：

```
Switch > configure terminal
Switch (config) # interface fa0/1
Switch (config-if) # ip access-group Permit-172-Subnetwork in
```

 四、任务实施

19.7 综合实训：配置汇聚交换机安全，限制子网通信安全

【网络场景】

如图 19-2 所示网络拓扑，浙江科技工程学校多媒体实训中心机房网络场景，学校为了加强管理，需要实施访问控制列表技术，限制机房子网之间通信安全。

【设备清单】三层交换机（1 台）；计算机（≥3 台）；双绞线（若干根）。

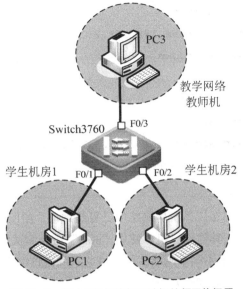

图 19-2　禁止学生机房机器访问教师网络场景

【工作过程】

步骤1——安装网络工作环境

按图 19-2 中的网络拓扑，连接设备组建网络，注意设备连接的接口标识。

步骤2——IP 地址规划与设置

根据网络中地址规划原则，规划如表 19-1 所示的地址信息。

表 19-1　多媒体实训中心机房网络中计算机地址规划信息

设备名称	IP 地址	子网掩码	网　　关	接　　口
PC1	192.168.1.2	255.255.255.0	192.168.1.1	Fa0/1
PC2	192.168.2.2	255.255.255.0	192.168.2.1	Fa0/2
PC3	192.168.3.2	255.255.255.0	192.168.3.1	Fa0/3
三层交换机	192.168.1.1	255.255.255.0	\	机房 1
	192.168.2.1	255.255.255.0	\	机房 2
	192.168.3.1	255.255.255.0	\	机房 3

步骤3——配置三层交换机基本信息

```
SWITCH#configure
SWITCH(config)#int fa0/1
SWITCH(config-if)#no switch
SWITCH(config-if)#ip address 192.168.1.1 255.255.255.0
SWITCH(config-if)#no shutdown

SWITCH(config-if)#int fa0/2
```

```
SWITCH(config-if)#no switch
SWITCH(config-if)#ip address 192.168.2.1 255.255.255.0
SWITCH(config-if)#no shutdown

SWITCH(config-if)#int fa0/3
SWITCH(config-if)#no switch
SWITCH(config-if)#ip address 192.168.3.1 255.255.255.0
SWITCH(config-if)#no shutdown
```

步骤 4——网络测试（1）

（1）按照表 19-1 中规划多媒体机房网络中计算机地址，给所有计算机配置 IP 地址。

（2）从 PC1 计算机访问其他计算机。使用"ping"命令测试到多媒体机房网络中其他计算机连通。由于直接连接三个不同子网络，所有网络之间应该能直接通信。

```
Ping 192.168.2.1   ( ! OK )
......
Ping 192.168.3.1   ( ! OK )
......
```

步骤 5——配置三层交换机名称标准访问控制列表，并应用在接口上

```
SWITCH#configure
SWITCH（config）# ip access-list standard Permit-jifang
SWITCH (config-std-nacl)# deny 192.168.1.0  0.0.0.255
SWITCH (config-std-nacl)# permit any

SWITCH(config)#int fa0/3
SWITCH(config-if)#ip access-group Permit-jifang out
SWITCH(config-if)#no shutdown
```

步骤 6——网络测试（2）

（1）再次从 PC1 计算机上访问多媒体机房中其他计算机。使用"ping"命令测试到多媒体机房中其他计算机的连通性。

（2）由于在三层交换机上实施了访问控制列表技术，因此来从多媒体机房 1 中 PC1 计算机，能和多媒体机房 2 中计算机通信，但不能和多媒体机房 3 中计算机通信，今后可以根据需要，实施了多媒体机房之间子网络的安全访问控制。

```
Ping 192.168.2.1   ( ! OK )
......
Ping 192.168.3.1   ( ! down )
......
```

知识拓展

本单元模块主要介绍交换机的基于名称的标准访问控制列表技术。试试把上述的综合实训案例，使用基于编号的标准访问控制列表技术再实施一遍，比较二者之间的异同点。

 认证测试

1. 下列哪些是标准的访问列表范围符合 IP 范围（　　　）。

    A. 1～99

    B. 100～199

    C. 800～899

    D. 900～999

2. 下列不属于访问控制列表分类的是（　　　）。

    A. 标准访问列表

    B. 高级访问列表

    C. 扩展访问列表

3. R2624 路由器如何显示访问列表 1 的内容（　　　）。

    A. show acl 1

    B. show list 1

    C. show access-list 1

    D. show access-lists 1

4. 以下为标准访问列表选项是（　　　）。

    A. access-list 116 permit host 2.2.1.1

    B. access-list 1 deny 172.168.10.198

    C. access-list 1 permit 172.168.10.198 255.255.0.0

    D. access-list standard 1.1.1.1

5. 下列条件中，能用作标准 ACL 决定报文是转发或还是丢弃的匹配条件有（　　　）。

    A. 源主机 IP

    B. 目标主机 IP

    C. 协议类型

    D. 协议端口号

任务 20
配置汇聚交换机安全，限制子网访问服务

 一、任务描述

浙江科技工程学校多媒体实训中心机房和学校的网络中心相连。之前为了建设数字化校园，学校在网络中心搭建了多台服务器，包括 Web 服务器、FTP 服务器、DNS 服务器等，方便学校师生员工之间共享数字化资源。

由于网络中心的 FTP 服务器上，主要存储的是教学资源，如考试试卷、学生的各门课程的成绩册，且多媒体实训中心机房和网络中心服务器机房相连，经常有学生违纪登录学校的 FTP 服务器，访问考试试卷等不允许学生访问的资料。

为了加强网络信息安全管理，需要实施扩展的访问控制列表技术，限制学生机房子网的计算机访问网络中心的 FTP 服务器，其他服务器资源则允许学生机房计算机访问。

 二、任务分析

扩展编号 ACL 不仅仅匹配数据包中源地址信息，还检查数据包的目的地址以及数据包的特定协议类型、端口号等，为网络的安全访问提供了更多的访问控制功能。安全访问控制是指定网络中的指定的服务，除需要对源网络地址过滤外，还需要对目标网络地址进行过滤的需求，还需要对 IP 数据包中的服务信息进行检查。

显然，使用标准 IP ACL 无法实现此需求，在这种场景下就需要用扩展的 IP ACL。扩展 IP ACL 可以检查元素有：源 IP 地址、目标 IP 地址、协议、源端口号、目标端口号。

三、知识准备

20.1 访问控制列表分类

根据访问控制标准的不同，ACL 分多种类型，实现不同的网络安全访问控制权限。

常见 ACL 有两类：标准访问控制列表（Standard IP ACL）和扩展访问控制列表（Extended IP ACL）。在规则中使用不同的编号区别，其中标准访问控制列表的编号取值范围为 1~99；

扩展访问控制列表的编号取值范围为100~199。

两种编号的 ACL 区别是，标准的编号 ACL 只匹配、检查数据包中携带的源地址信息；扩展编号 ACL 不仅仅匹配数据包中源地址信息，还检查数据包的目的地址以及数据包的特定协议类型、端口号等。

扩展访问控制列表规则大大扩展了网络互联设备对三层数据流的检查细节，为网络的安全访问提供了更多的访问控制功能。

20.2　什么是扩展访问控制列表

基于编号扩展访问控制列表（Extended IP ACL）重要特征是：一是通过编号100~199来区别不同的 IP ACL；二是不仅检查数据包源 IP 地址，还检查数据包中目的 IP 地址、源端口、目的端口、建立连接和 IP 优先级等特征信息。

数据包在通过网络设备时，设备解析 IP 数据包中的多种类型信息特征，对匹配成功的数据包采取拒绝或允许操作，如图 20-1 所示。

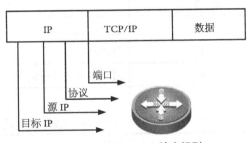

图 20-1　扩展 IP AC 检查规则

在编制扩展 IP ACL 规则时，使用编号100～199值，区别同一设备不同 IP ACL 列表。

20.3　扩展的访问控制列表特征

扩展型访问控制列表（Extended IP ACL）在 IP 数据包的过滤方面，增加更多精细度控制，具有比标准 IP ACL 更强大数据包检查功能。扩展 IP ACL 不仅检查数据包源 IP 地址，还检查数据包中目的 IP 地址、源端口、目的端口、建立连接和 IP 优先级等特征信息。

扩展 IP ACL 访问控制列表，使用编号范围从100～199的编号值，标识区别同一接口上多条列表。和标准 IP ACL 相比，扩展 IP ACL 也存在一些缺点：一是配置管理难度加大，考虑不周容易限制正常访问；其次扩展 IP ACL 会消耗路由器更多 CPU 资源。所以中低档路由器进行网络连接时，应尽量减少扩展 ACL 条数，以提高工作效率。

20.4　配置扩展访问控制列表技术

配置基于编号扩展 IP ACL 指令格式如下：

```
Access-list listnumber {permit | deny} protocol source source-wildcard-mask
destination destination-wildcard-mask [operator  operand ]
```

其中：

listnumber 标识范围为 100～199；

protocol 指定需要过滤协议，如 IP、TCP、UDP、ICMP 等；

Source 是源地址 ; destination 是目的地址 ; wildcard-mask 是 IP 反掩码；

operand 是源端口和目的端口号，默认全部端口号 0～65535，端口号可使用助记符；

operator 是端口控制操作符： "<"（小于）、">"（大于）、"="（等于）以及 "≠"（不等于）。

语法规则中 deny /permit、源地址和通配符屏蔽码、目的地址和通配符屏蔽码，以及 host / any 使用方法，均与标准 IP ACL 语法规则相同。

其中需要注意端口号 "operand"，可以用不同方法来指定，它可以使用一个数字或使用可识别助记符指定，如使用 80 或 http 指定超文本传输协议。

表 20-1 显示支持过滤常见端口名称和端口编号关系，0 代表所有 TCP 端口。

表 20-1　TCP 端口号名称

名　　称	端　口　号	描　　　　述
bgp	179	边界网关协议
daytime	13	日期时间
domain	53	域名系统区域传输
echo	7	回声
ftp	21	文件传输协议控制通道
ftp-data	20	FTP 数据通道
login	513	远程登录（rlogin）
pop2	109	邮局协议 v2
pop3	110	邮局协议 v3
smtp	25	简单邮件传输协议
telnet	23	Telnet
www	80	www 服务

配置完扩展 IP ACL 列表规则后，还需把配置好的规则应用在接口上，应用的方法和标准的 IP　ACL 相同。

```
Router(config)#interface fastEthernet 1/2
Router(config-if)#ip access-group 101 out
Router(config-if)#end
```

无论是标准的 ACL 还是扩展的 ACL，如果要取消一条 ACL 匹配规则的话，可以用 "no access-list number" 命令，每次只能对一条 ACL 命令进行管理。

```
Router(config)#interface fastEthernet 1/2
Router(config-if)#no ip access-group 101 out
Router(config-if)#end
```

20.5　配置命名的扩展的访问控制列表

上面介绍的是编号的扩展访问控制列表，但使用编号 IP ACL 不容易识别，数字不容易区分，特别是基于编号的 IP ACL 在修改上非常不方便。基于名称 IP ACL 在技术开发上，避免基于编号 IP ACL 应用上不足。如果实施基于名称扩展访问控制列表，语法规则如下：

```
ip access-list extended { name | access-list-number }
                       ! 指定命名 ACL 的类型以及 ACL 名称，启用名称 IP ACL 规则
{ permit | deny } protocol { any | source source-wildcard } [ operator port ]
{ any | destination destination-wildcard } [ operator port ] [ time-range
time-range-name ] [ dscp dscp ] [ fragment ]
                       ! 允许或者拒绝操作，命令中各个参数含义均与编号
ACL 相同。
```

其中：

● name：表示 IP ACL 名称，可以使用数字或英文字符表示。执行完此命令后，系统将进入到扩展 ACL 配置模式。

● access-list-number：扩展 ACL 编号，100~199 和 2000~2699。注意，这里指定 ACL 的编号而不指定名称时，此 ACL 还将为一个编号 ACL，与之前介绍的扩展 ACL 一样，只不过在配置这个编号 ACL 的规则时，将在 ACL 配置模式下进行。

 四、任务实施

20.6　综合实训：配置汇聚交换机安全，限制子网访问服务

【网络场景】

如图 20-2 所示的网络拓扑是学校在网络中心搭建了多台服务器，包括 Web 服务器、FTP 服务器、DNS 服务器等。为了加强网络信息安全管理，需要实施扩展的访问控制列表技术，限制学生机房子网的计算机访问网络中心的 FTP 服务器，其他服务器资源则允许学生机房计算机访问。其中，连接网络中心的路由器 F1/2 接口上连接是一个服务器群，服务器 172.17.1.1 提供 Web 服务，还有服务器 172.17.1.2 提供 FTP 服务。

【设备清单】三层交换机（1 台）；计算机（≥3 台）；双绞线（若干根）。

【工作过程】

步骤 1——安装网络工作环境

按图 20-2 中所示的网络拓扑，连接设备组建网络，注意设备连接的接口标识。

步骤 2——IP 地址规划与设置

根据网络中地址规划原则，规划如表 20-2 所示的地址信息。

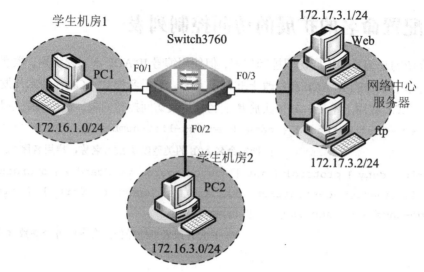

图 20-2 扩展 IP ACL 应用场景

表 20-2 网络中心机房网络中计算机地址规划信息

设备名称	IP 地址	子网掩码	网 关	接 口
PC1	192.168.1.2	255.255.255.0	192.168.1.1	Fa0/1
PC2	192.168.2.2	255.255.255.0	192.168.2.1	fa0/2
PC3	192.168.3.2	255.255.255.0	192.168.3.1	Fa0/3
三层交换机	192.168.1.1	255.255.255.0	\	机房 1
	192.168.2.1	255.255.255.0	\	机房 2
	192.168.3.1	255.255.255.0	\	网络中心服务器

步骤 3——配置三层交换机基本信息

```
Switch #configure
Switch (config)#int fa0/1
Switch (config-if)#no switch
Switch (config-if)#ip address 192.168.1.1 255.255.255.0
Switch (config-if)#no shutdown

Switch (config-if)#int fa0/2
Switch (config-if)#no switch
Switch (config-if)#ip address 192.168.2.1 255.255.255.0
Switch (config-if)#no shutdown

Switch (config-if)#int fa0/3
Switch (config-if)#no switch
```

```
Switch (config-if)#ip address 192.168.3.1 255.255.255.0
Switch (config-if)#no shutdown
```

步骤 4——网络测试（1）

（1）按照表 20-1 中规划多媒体机房网络中计算机地址，给所有计算机配置 IP 地址。

（2）从 PC1 计算机访问其他计算机。使用"ping"命令测试到多媒体机房以及和网络中心其他计算机连通。由于直接连接三个不同子网络，所有网络之间应该能直接通信。

```
Ping 192.168.2.1   ( ! OK )
……
Ping 192.168.3.1   ( ! OK )
……
```

步骤 5——配置三层交换机名称扩展访问控制列表，并应用在接口上

```
Switch #configure
Switch (config) # ip access-list extended  deny-FTP
Switch (config-ext-nacl)# deny tcp 172.16.1.0 0.0.0.255 host 172.17.3.1 eq
ftp
                                        ! 拒绝来自机房 1 中计算机访问 FTP 服务器
Switch (config-ext-nacl)# deny tcp 172.16.2.0 0.0.0.255 host 172.17.3.1 eq
ftp
                                        ! 拒绝来自机房 2 中计算机访问 FTP 服务器
            ……
Switch (config-ext-nacl)# permit ip any any
                        ! 允许机房中所以计算机，访问网络中心其他所有服务
Switch (config-ext-nacl)# end


Switch (config)#int  fa0/3
Switch (config-if)#ip access-group deny-FTP out
        ! 把配置完成的 deny-FTP 名称访问控制列表应用在接口 3 的出方向检查上
Switch(config-if)#no shutdown
```

步骤 6——网络测试（2）

（1）再次从 PC1 计算机上访问多媒体机房中其他计算机。使用"ping"命令测试到多媒体机房中其他计算机的连通性。

（2）虽然在三层交换机上实施了扩展的访问控制列表技术，但来从多媒体机房 1 中 PC1 计算机，能和多媒体机房 2 中计算机通讯，也能和网络中心的计算机通信，但不能访问网络中心的 FTP 服务器（PC3）。

```
Ping 192.168.2.1   ( ! OK )
……
```

```
Ping 192.168.3.1   (! OK )
......

ftp:// 192.168.3.1   (! down )
......
```

 知识拓展

本单元模块主要介绍交换机的基于名称的扩展访问控制列表技术。试试把上述的综合实训案例，使用基于编号的扩展访问控制列表技术再实施一遍，比较二者之间的异同点。

认证测试

1. 访问列表是路由器的一种安全策略，你决定用一个标准 ip 访问列表来做安全控制，以下为标准访问列表的例子为（　　　）。

   A. access—list   standart 192.168.10.23

   B. access—list   10 deny   192.168.10.23 0.0.0.0

   C. access—list   101 deny   192.168.10.23   0.0.0.0

   D. access—list   101 deny   192.168.10.23   255.255.255.255

2. 在访问控制列表中地址和掩码为 168.18.64.0   0.0.3.255 表示的 IP 地址范围是（　　　）。

   A. 168.18.67.0 ~ 168.18.70.255

   B. 168.18.64.0 ~ 168.18.67.255

   C. 168.18.63.0 ~ 168.18.64.255

   D. 168.18.64.255 ~ 168.18.67.255

3. 在访问控制列表中，有一条规则如下：

   access—list   131   permit ip any   192.168.10.0 0.0.0.255 eq ftp

   在该规则中，any 的意思是表示（　　　）。

   A. 检查源地址的所有 bit 位

   B. 检查目的地址的所有 bit 位

   C. 允许所有的源地址

   D. 允许 255.255.255.255   0.0.0.0

4. 下面能够表示"禁止从 129.9.0.0 网段中的主机建立与 202.38.16.0 网段内的主机的 WWW 端口的连接"的访问控制列表是（　　　）。

   A. access—list 101 deny tcp 129.9.0.0 0.0.255.255 202.38.16.0 0.0.0.255 eq www

   B. access—list 100 deny tcp 129.9.0.0 0.0.255.255 202.38.16.0 0.0.0.255 eq 53

   C. access—list 100 deny udp 129.9.0.0 0.0.255.255 202.38.16.0 0.0.0.255 eq www

   D. access—list 99 deny ucp 129.9.0.0 0.0.255.255 202.38.16.0 0.0.0.255 eq 80

5. 标准 ACL 以什么作为判别条件？（　　　）

   A. 数据包大小

   B. 数据包的端口号

   C. 数据包的源地址

   D. 数据包的目的地址

PART 21

任务 21
配置出口路由器，限制访问互联网服务及时间

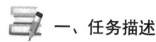 **一、任务描述**

浙江科技工程学校需要改造网络中心的网络，为了实现学校内部网络接入外部互联网，使用高功效的路由器设备充当外网接入设备，实现校园网中接入互联网，实现不同网络之间互相通信。

但学校在管理的过程中发现，在正常上课期间，经常有很多学生在上网、聊天、打游戏。为了加强学校网络的管理，学校上班制度规定：在上班时间（9：00~18：00），不允许多媒体机房中的学生计算机（如，172.16.1.0/24、172.16.2.0/24、172.16.3.0/24……）访问 Internet，下班时间则可以访问 Internet 上的 Web 服务。

 二、任务分析

基于时间的 ACL 访问控制列表技术，是在标准 ACL 访问控制列表和扩展 ACL 访问控制列表基础上功能的扩展，通过在规则配置中，加入有效的时间范围，来更有效地控制网络在时间上限制范围。

本例中，为了加强学校网络的管理，保证在上班时间期间，不允许多媒体机房中的学生计算机访问互联网，首先需要定义上班时间段；其次，编制基于编号的扩展的 IP ACL 规则，要求办公网 172.16.1.0/24 内的主机访问 Internet，在此规则中引用了一个时间段 "off-work"，也就是说只有在此时间段定义的时间范围内此条规则才会生效。最后将此 ACL 应用到了内部接口的入方向以实现过滤。

 三、知识准备

21.1 基于时间访问控制列表技术

基于时间的 ACL 访问控制列表技术，是在标准 ACL 访问控制列表和扩展 ACL 访问控制列表基础上功能的扩展，通过在规则配置中，加入有效的时间范围，来更有效地控制网络在

时间上限制范围。

时间的 ACL 需要先定义一个时间范围，然后在原来各种访问控制列表的基础上应用它；通过它，可以根据一天中不同时间，或者根据一周中的不同日期；控制网络范围。

如在学校网络中，希望上课时间禁止学生访问学校服务器，而下课时间则允许学生访问。基于时间的 ACL，对于编号 ACL 和名称 ACL 均适用。

21.2　定义基于时间访问控制列表规则

1．创建时间段

创建基于时间的 ACL，需要依据两个要点：

- 一是使用参数 time-range，定义一个时间段；
- 二是编制基于编号 IP ACL 或者名称 IP ACL，再将 IP ACL 规则和时间段结合起来应用。

访问控制列表 ACL 规则，需要和时间段结合起来应用，即基于时间的 ACL。

事实上，基于时间的 ACL 只是在 ACL 规则后，使用 time-range 选项为此规则指定一个时间段，只有在此时间范围内此规则才会生效，各类 ACL 规则均可以使用时间段。

时间段可分为三种类型：绝对（absolute）时间段、周期（periodic）时间段和混合时间段。

- **绝对时间段：**表示一个时间范围，即从某时刻开始到某时刻结束，如 1 月 5 日早晨 8 点到 3 月 6 日早晨 8 点。
- **周期时间段：**表示一个时间周期，如每天早晨 8 点到晚上 6 点，或每周一到每周五的早晨 8 点到晚上 6 点。
- **混合时间段：**可以将绝对时间段与周期时间段结合起来，称为混合时间段，如 1 月 5 日到 3 月 6 日每周一至周五早晨 8 点到晚上 6 点。

在全局模式下，使用如下命令创建并配置时间段，当执行此命令后，系统将进入到时间段配置模式。

```
time-range time-range-name          ! time-range-name 表示时间段的名称
```

2．定义时间段

在时间段模式下，使用 "absolute" 命令，配置绝对时间段：

```
absolute { start time date [ end time date ] | end time date }
                          ! 在时间段配置模式下，定义绝对时间段
```

其中：

- start time date：表示时间段起始时间。time 表示时间，格式为 "hh:mm"；date 表示日期，格式为 "日 月 年"。
- end time date：表示时间段结束时间，格式与起始时间相同。在配置绝对时间段时，可以只配置起始时间，或者只配置结束时间。

以下为 2007 年 1 月 1 日 8 点到 2008 年 2 月 1 日 10 点，使用绝对时间段范围表示的配置示例：

```
absolute start 08:00 1 Jan 2007 end 10:00 1 Feb 2008
```

在时间段模式下，使用"periodic"命令，配置相对周期时间段：

```
periodic day-of-the-week hh:mm to [ day-of-the-week ] hh:mm
periodic { weekdays | weekend | daily } hh:mm to hh:mm
                            ! 在时间段配置模式下，定义相对时间段
```

其中：

- day-of-the-week：表示一个星期内一天或者几天，Monday，Tuesday，Wednesday，Thursday，Friday，Saturday，Sunday。
- hh:mm：表示时间。
- weekdays：表示周一到周五。
- weekend：表示周六到周日。
- daily：表示一周中的每一天。

以下为每周一到周五早晨9点到晚上18点，使用周期时间段范围表示的配置示例：

```
periodic weekdays 09:00 to 18:00
```

3．应用时间段

配置完时间段后，在编制完成的 IP ACL 规则中，需要使用"time-range"参数引用时间段后才会生效。

只有配置了 time-range 的规则才会在指定的时间段内生效，其他未引用时间段的规则将不受影响。

时间段和基于编号标准的 IP ACL 结合如下：

```
Access-list  list-number  {permit | deny}  source-address  [wildcard-mask]
time-range  name
```

时间段和基于编号扩展的 IP ACL 结合如下：

```
Access-list listnumber {permit | deny} protocol source source-wildcard-mask
destination destination-wildcard-mask [operator operand] time-range  name
```

配置完扩展 IP ACL 列表规则后，还需把配置好的规则应用在接口上，应用的方法和标准的 IP   ACL 相同。

 四、任务实施

21.3   综合实训：配置出口路由器，限制访问互联网服务及时间

【网络场景】

如图21-1所示的网络场景，是网络中心的网络使用高功效的路由器设备充当外网接入设备，实现校园网中接入互联网，实现不同网络之间互相通信。为了加强学校网络的管理，学校上班制度规定：在上班时间（9：00~18：00），不允许多媒体机房中的学生计算机访问 Internet，因此需要在学校的出口路由器上实施基于时间的标准访问控制列表规则。

【设备清单】路由器（1台）；网线（若干根）；测试PC（2台）。

【工作过程】

步骤 1——连接设备

使用网线，如图 21-1 所示网络拓扑，连接设备，注意接口信息。

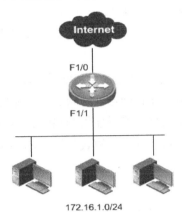

图 21-1　基于时间的 IP ACL

步骤 2——配置路由器设备的基本信息

```
Router#configure terminal
Router(config)#interface fa1/0
Router(config-ip)#ip address 202.102.192.1  255.255.255.0
Router(config-ip)#no shutdown
Router(config-ip)#exit

Router(config)#interface fa1/1
Router(config-ip)#ip address 172.16.1.1 255.255.255.0
Router(config-ip)#no shutdown
Router(config-ip)#exit
```

步骤 3——配置出口路由器时间访问控制列表规则

```
Router(config)#
Router(config)#time-range off-work              ! 定义时间段名称 off-work
Router(config-time-range)#periodic weekdays 09:00 to 18:00
Router(config-time-range)#exit

Router(config)#access-list 100 deny ip 172.16.1.0 0.0.0.255 any time-range
off-work
Router(config)#access-list 100 permit tcp 172.16.1.0 0.0.0.255 any eq www
                                            ! 定义基于编号扩展 IP ACL
规则
```

步骤4——在出口路由器上，应用时间访问控制列表规则

把编制完成的基于时间的扩展 IP ACL 规则，尽量应用在距离受保护目标网络最近接口上。

```
Router(config)#
Router(config)#interface fastEthernet 1/1
Router(config-if)#ip access-group 100 in
                          ！把配置完成的基于时间 IP ACL 规则应用在接口上
Router(config-if)#end
```

在使用基于时间的 ACL 时，最重要的一点是要保证设备（路由器或交换机）的系统时间的准确，因为设备是根据系统时间来判断当前时间是否在时间段范围内。

为了保证设备系统时间的准确性，可以使用 NTP（Network Time Protocol，网络时间协议）来保证网络中时钟的同步，或者在特权模式下使用 clock set 命令调整系统时间。

知识拓展

本单元模块主要介绍路由器的基于时间的扩展的访问控制列表技术。基于上述的案例，使用基于名称的访问控制列表格式，重新完成上述实训过程。

认证测试

1. 你的计算机中毒了，通过抓包软件，你发现本机的网卡在不断向外发目的端口为 8080 的数据包，这时如果在接入交换机上做阻止病毒的配置，则应采取什么技术？（   ）

    A. 标准 ACL

    B. 扩展 ACL

    C. 端口安全

    D. NAT

2. 访问控制列表 access-list 100 deny ip 10.1.10.10 0.0.255.255 any eq 80 的含义是？（   ）

    A. 访问控制列表号是 100，禁止到 10.1.10.10 主机的 telnet 访问

    B. 访问控制列表号是 100，禁止到 10.1.0.0/16 网段的 www 访问

    C. 访问控制列表号是 100，禁止从 10.1.0.0/16 网段来的 www 访问

    D. 访问控制列表号是 100，禁止从 10.1.10.10 主机来的 rlogin 访问

3. 你决定用一个标准 IP 访问列表来做安全控制，以下为标准访问列表的例子是（   ）。

    A. access-list   standart 192.168.10.23

    B. access-list   10 deny   192.168.10.23

    C. access-list   10 deny   192.168.10.23 0.0.0.0

    D. access-list   101 deny   192.168.10.23   0.0.0.0

    E. access-list   101 deny   192.168.10.23   255.255.255.255

4. 在访问列表中,有一条规则如下：access-list   131   permit ip any   192.168.10.0 0.0.0.255 eq ftp。在该规则中，any 的意思是表示（   ）。

    A. 检察源地址的所有 bit 位

B. 检查目的地址的所有 bit 位

C. 允许所有的源地址

D. 允许 255.255.255.255　0.0.0.0

5. 你刚创建了一个扩展访问列表 101，现在你想把它应用到接口上，通过以下哪条命令你可以把它应用到接口上？（　　　）

A. pemit　access—list 101 out

B. ip access—group 101 out

C. access—list 101 out

D. apply　access—list 101 out

PART 22

任务 22
在校园网安装防火墙设备，保障校园网络安全

 一、任务描述

浙江科技工程学校需要改造网络中心的网络，为了实现学校内部网络接入外部互联网，使用高功效的路由器设备充当外网接入设备，实现校园网中接入互联网，实现不同网络之间互相通信。

但学校在校园网络管理的过程中发现，经常有来自互联网上的未名攻击数据侵入学校网络。为了防范来自互联网的攻击事件发生，保护学校校园网络安全，学校决定购买一台防火墙设备，安装在校园网的出口处，保障校园网络安全。

 二、任务分析

防火墙是一个位于内部网络与 Internet 之间的网络安全系统，是按照一定的安全策略建立起来的硬件和（或）软件的有机组成体，以防止黑客的攻击，保护内部网络的安全运行。

防火墙被广泛用来让用户在一个安全屏障后接入互联网，还被用来把一家企业的公共网络服务器和企业内部网络隔开。另外，防火墙还可以被用来保护企业内部网络某一个部分的安全。

三、知识准备

22.1　什么是防火墙

过去的时候，人们为了防止火灾在木质结构的房屋之间蔓延，会在房屋周围用砖石堆砌成墙作为屏障，这种起到防护作用的墙被称为"防火墙"。在今天的电子信息时代，人们借用了这个概念，称保护敏感数据不被窃取和篡改的专用计算机系统或设备为"防火墙"。

防火墙的英文名为"FireWall"，它是目前一种最重要的网络防护设备，下面就来详细地介绍防火墙的概念、功能和体系结构等内容。

一般来说，防火墙是指设置在不同网络（如可信任的企业内部网络和不可信的公共网络）

或网络安全域之间的一系列部件的组合。防火墙犹如一道护栏隔在被保护的内部网与不安全的外部网之间，其作用是阻断来自外部的、针对内部网的入侵和威胁，保护内部网的安全。它是不同网络或网络安全域之间信息的唯一出入口，能根据企业的安全策略控制（允许、拒绝、监测）出入网络的信息流，且本身具有较强的抗攻击能力。

22.2　防火墙安全系统

　　防火墙提供信息安全服务，是在两个网络通信时执行的一种访问控制手段，如同大楼的警卫一般，能允许你"同意"的人进入，而将你"不同意"的人拒之门外，最大限度地阻止破坏者访问你的网络，防止他们更改、复制和毁坏你的重要信息。换句话说，如果不通过防火墙，公司内部的人就无法访问 Internet，Internet 上的人也无法和公司内部人进行通信。

　　防火墙是一种非常有效的网络安全模型。随着网络规模的不断扩大，安全问题上的失误和缺陷越来越普遍，对网络的入侵不仅来自高超的攻击手段，也有可能来自配置上的低级错误或不合适的口令选择。

　　而防火墙的作用就是防止不希望的、未授权的信息进出被保护的网络。因此，防火墙正在成为控制对网络系统访问的非常流行的方法。作为第一道安全防线，防火墙已经成为世界上用得最多的网络安全产品之一。

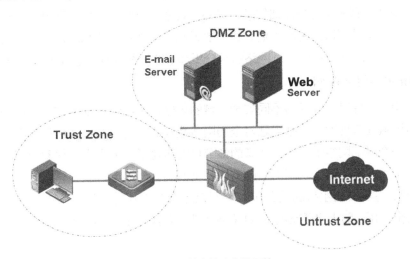

图 22-1　基本的防火墙系统

　　图 22-1 是一个基本的防火墙系统。在逻辑上，防火墙既是一个分离器、一个限制器，也是一个分析器。它有效地监控了内部网络（Trust Zone）和 Internet（Untrust Zone）之间的任何活动，并将服务器隔离在 DMZ（Demilitarized Zone，非军事区）区域内，保证了内部网络的安全。

　　防火墙的 DMZ 区域直译为非军事区或停火区，就是指介于内网（可信任区）和外网（不可信区）之间的一个中间公共访问区域（独立网络），目的在于在向外界提供在线服务的同时，阻止外部用户直接访问内网，以确保内部网络环境的安全。

22.3 防火墙的功能

1．防火墙是网络的安全屏障

一个防火墙作为一个边界上的控制点，能极大地提高一个内部网络的安全性，并通过过滤不安全的服务而降低风险。由于只有经过精心选择的应用协议才能通过防火墙，所以网络环境变得更安全。例如，防火墙可以禁止众所周知的不安全协议进出受保护的网络，这样外部的攻击者就不可能利用这些脆弱的协议来攻击内部网络。防火墙同时可以保护网络免受大部分的攻击，并在阻止了攻击时通知防火墙管理员。

2．防火墙可以强化网络安全策略

通过以防火墙为中心的安全方案配置，能将所有安全软件（如口令、加密、身份认证、审计等）配置在防火墙上。与将网络安全问题分散到各个主机上相比，防火墙的集中安全管理更经济。例如在网络访问时，一次一密口令系统和其他的身份认证系统完全可以不必分散在各个主机上，而集中在防火墙一身上。

3．对网络存取和访问进行监控审计

如果所有的访问都经过防火墙，那么，防火墙就能记录下这些访问并作出日志记录，同时也能提供网络使用情况的统计数据。当发生可疑动作时，防火墙能进行适当的报警，并提供网络是否受到监测和攻击的详细信息。另外，收集一个网络的使用和误用情况也是非常重要的。首先的理由是可以清楚防火墙是否能够抵挡攻击者的探测和攻击，并且清楚防火墙的控制是否充足。而网络使用统计对网络需求分析和威胁分析等而言也是非常重要的。

4．防止内部信息的外泄

通过利用防火墙对内部网络不同安全区域的划分，可实现内部网重点网段的隔离，从而限制了重点区域或敏感网络安全问题对全局网络造成的影响。再者，隐私是内部网络非常关心的问题，一个内部网络中不引人注意的细节可能包含了有关安全的线索而引起外部攻击者的兴趣，甚至因此而暴露了内部网络的某些安全漏洞。防火墙可以同样阻塞有关内部网络中的 DNS 信息，这样一台主机的域名和 IP 地址就不会被外界所了解。

除了安全作用，防火墙还支持 NAT（网络地址转换）和 VPN（虚拟专用网）等企业内部网络技术。

22.4 防火墙不能防范的安全事件

防火墙提高了主机整体的安全性，因而给网络带来了众多好处，不过它也有自身的一些弱点，不能解决所有的安全问题，例如以下几点。

1．来自内部网络的攻击

目前防火墙只能够防护来自外部网络用户的攻击，对来自内部网络用户的攻击只能依靠其他的安全防护手段。

2. 不经由防火墙的攻击

如果允许从受保护的内部网络不受限制的向外拨号，一些用户可以形成与 Internet 的直接连接，从而绕过防火墙，形成一个潜在的后门攻击渠道。例如，在一个被保护的网络上有一个没有限制的拨号访问，内部网络上的用户就可以直接进入 Internet，这就为从后门攻击创造了极大的可能性（图 22-2）。要使防火墙发挥作用，防火墙就必须成为整个网络安全架构中不可绕过的部分。

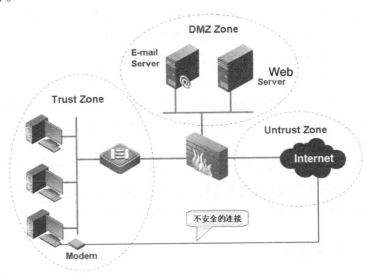

图 22-2　网络中的不安全通道

3. 病毒的传输

防火墙不能有效地防范病毒的入侵。在网络上传输二进制文件的编码方式有很多，病毒的数量、种类也很多，因此防火墙不可能扫描到每一个文件，查找潜在的所有病毒。目前，已经有一些防火墙厂商将病毒检测模块集成到防火墙系统中，并通过一些技术手段解决由此产生的效率和性能的问题。

4. 利用标准网络协议的缺陷进行的攻击

一旦防火墙准许某些标准网络协议，它就不能防止利用该协议中的缺陷进行的攻击。例如 TCP SYN Flood 攻击，它是一种常见而且有效的远程 DoS（Denial of Service，拒绝服务）攻击方式，可以通过一定的操作破坏 TCP 三次握手建立正常连接，占用并耗费系统资源，使得提供 TCP 服务的主机系统无法正常工作。

5. 利用服务器系统漏洞进行的攻击

如果攻击者利用防火墙准许的访问端口，对该服务器的漏洞进行攻击，防火墙不能防止。因此可以看到，防火墙也只是整体安全防范策略的一部分，不能解决所有安全问题。

22.5　防火墙的类型

从不同的角度可以将防火墙分为各种不同的类型。

从防火墙的软、硬件形式来分，可以分为软件防火墙和硬件防火墙以及芯片级防火墙。

（1）软件防火墙

软件防火墙运行于特定的计算机上，它需要客户预先安装好的计算机操作系统的支持，一般来说这台计算机就是整个网络的网关。软件防火墙就像其他的软件产品一样需要先在计算机上安装并做好配置才可以使用。

（2）硬件防火墙

这里说的硬件防火墙是指"所谓的硬件防火墙"。之所以加上"所谓"二字是针对芯片级防火墙说的了。它们最大的差别在于是否基于专用的硬件平台。

目前市场上大多数防火墙都是这种所谓的硬件防火墙，它们都基于 PC 架构，就是说，它们和普通的家庭用的 PC 没有太大区别。在这些 PC 架构计算机上运行一些经过裁剪和简化的操作系统，最常用的有老版本的 Unix、Linux 和 FreeBSD 系统。值得注意的是，由于此类防火墙采用的依然是别人的内核，因此依然会受到 OS（操作系统）本身的安全性影响。

（3）芯片级防火墙

芯片级防火墙基于专门的硬件平台，不需安装通用操作系统。专有的 ASIC 芯片促使它们比其他种类的防火墙速度更快，处理能力更强，性能更高。这类防火墙由于是专用 OS（操作系统），因此防火墙本身的漏洞比较少，不过价格相对比较高昂。

 四、任务实施

22.6 综合实训：在校园网安装防火墙设备，保障校园网络安全

【网络场景】

如图 22-3 所示的网络场景，是浙江科技工程学校为了防范来自互联网的攻击事件发生，保护学校校园网络安全，学校购买了锐捷的一台 RG-WALL 60 防火墙，安装在校园网的出口处，现在需要登录到防火墙并对其进行配置，使其满足基本的网络安全需求。

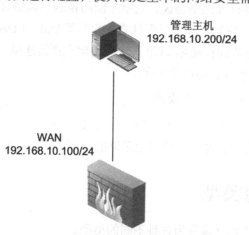

图 22-3　防火墙初始化配置实验拓扑

【设备清单】防火墙（1台）；网线（若干根）；配置、测试PC（2台）。

【工作过程】

第一步：安装管理员证书

管理员证书在防火墙随机光盘的 Admin Cert 文件夹中，如图 22-4 所示。

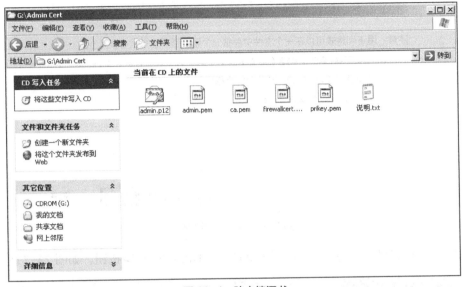

图 22-4　防火墙证书

双击 admin.p12 文件，该文件将初始 Windows 的证书导入向导，单击<下一步>按钮，如图 22-5 所示。

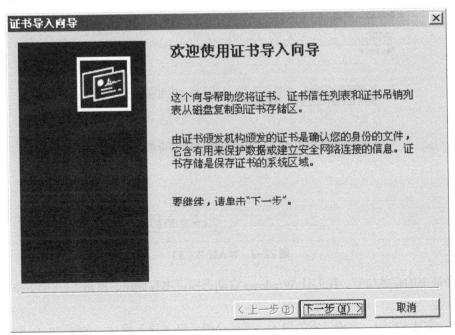

图 22-5　导入证书（1）

指定证书所在的路径，单击<下一步>按钮，如图 22-6 所示。

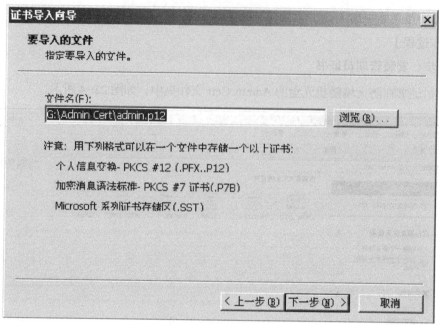

图 22-6　导入证书（2）

输入导入证书时使用的密码，密码为 123456，单击<下一步>按钮，如图 22-7 所示。

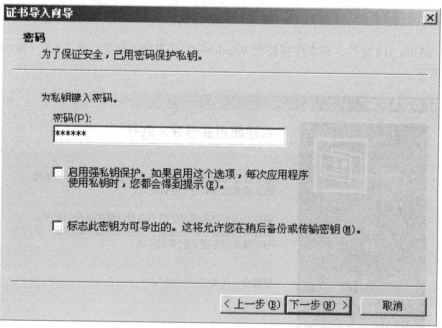

图 22-7　导入证书（3）

选择证书的存放位置，我们让 Windows 自动选择证书存储区，单击<下一步>按钮，如图 22-8 所示。

单击<完成>按钮，完成证书的导入，系统会提示证书导入成功，如图 22-9 和图 22-10 所示。

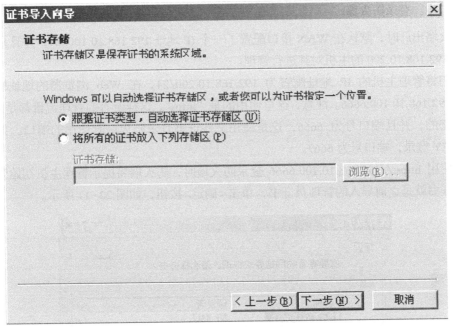

图 22-8 导入证书（4）

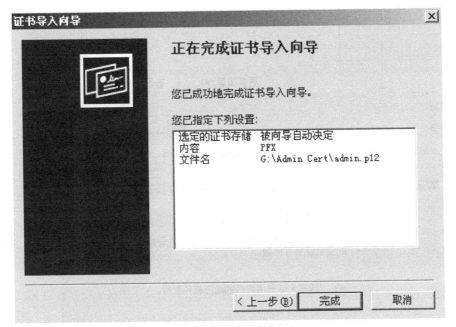

图 22-9 导入证书（5）

图 22-10 导入证书（6）

第二步：登录防火墙

防火墙出厂时，默认在 WAN 接口配置了一个 IP 地址 192.168.10.100/24，并且只允许 IP 地址为 192.168.10.200 的主机对其进行管理。

我们将管理主机的 IP 地址配置为 192.168.10.200/24，在 Web 浏览器的地址栏中输入 https://192.168.10.100:6666。注意，这里使用的是 "https"，这样所有的管理流量都是通过 SSL 进行加密的，并且端口号为 6666，这是使用文件证书登录防火墙时使用的端口。如果使用 USB-KEY 登录，端口号为 6667。

当使用 https://192.168.10.100:6666 登录防火墙时，防火墙将提示管理主机初始管理员证书，该证书就是之前导入的管理员证书，单击<确定>按钮，如图 22-11 所示。

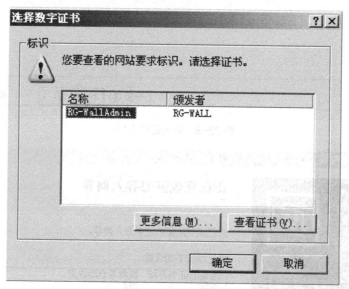

图 22-11　登录防火墙（1）

之后 Windows 提示验证防火墙的证书，单击<确定>按钮，如图 22-12 所示。

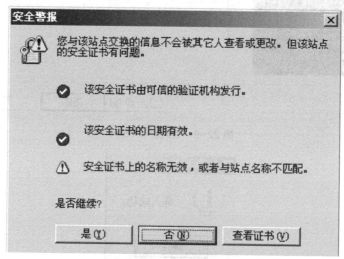

图 22-12　登录防火墙（2）

通过验证后，此时就可以进入防火墙的登录界面，如图 22-13 所示。

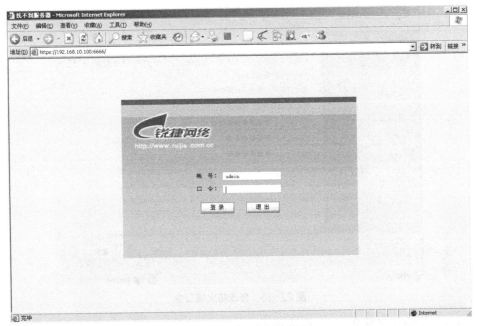

图 22-13　登录防火墙（3）

使用默认的用户名 admin，密码 firewall 登录防火墙，如图 22-14 所示。

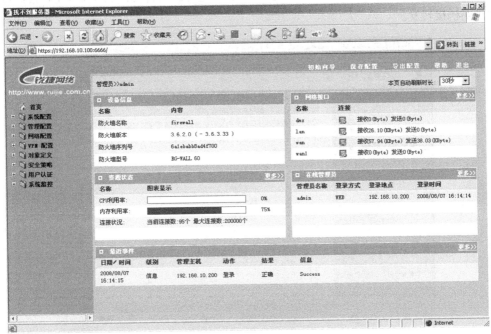

图 22-14　防火墙页面

第三步：初始化向导 1——修改口令

进入防火墙配置页面后，单击右上方的<初始向导>按钮，进入防火墙的初始化向导。初始化向导的第 1 步是修改默认的管理员密码，如图 22-15 所示。

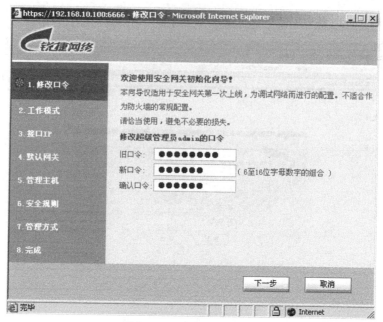

图 22-15　修改防火墙口令

第四步：初始化向导 2——工作模式

初始化向导的第 2 步是设置接口的工作模式，如图 22-16 所示。接口工作在混合模式和路由模式，默认为路由模式。路由模式是指接口对报文进行路由转发，混合模式是指接口对报文进行透明桥接转发。

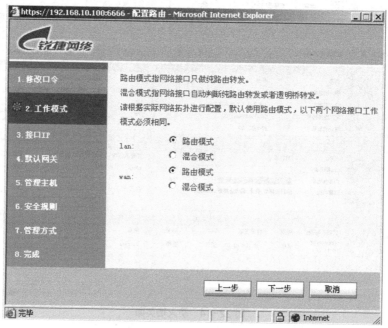

图 22-16　防火墙工作模式

第五步：初始化向导 3——接口 IP

初始化向导的第 3 步是设置接口的 IP 地址和掩码信息，并且可以设置该地址是否作为管理地址，是否允许主机 ping 等选项，如图 22-17 所示。

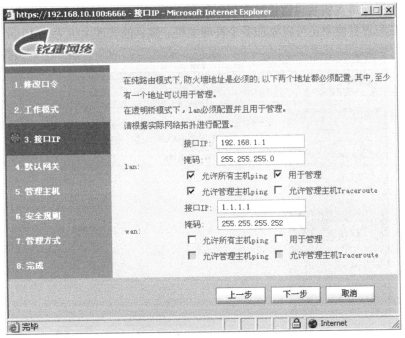

图 22-17　修改防火墙接口 IP

第六步：初始化向导 4——默认网关

初始化向导的第 4 步是设置防火墙的默认网关，如图 22-18 所示，通常这都是 ISP 侧路由器的地址。

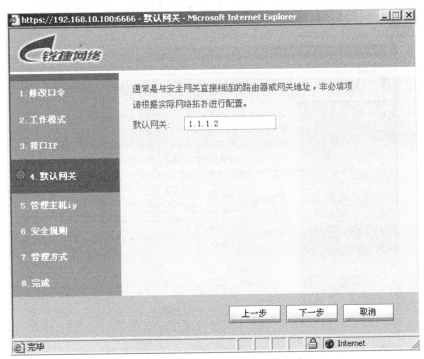

图 22-18　修改防火墙默认网关（1）

第七步：初始化向导 5——默认网关

初始化向导的第 5 步是设置管理主机，如图 22-19 所示，只有该地址可以对防火墙进行管理。后续在配置界面中还可以添加多个管理主机。默认的管理主机为 192.168.10.200。

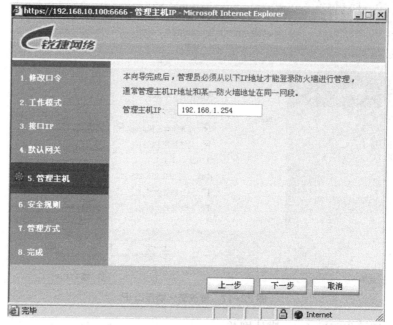

图 22-19　修改防火墙默认网关（2）

第八步：初始化向导 6——安全规则

初始化向导的第 6 步是添加安全规则，如图 22-20 所示，这里可以根据内部和外部的子网信息进行配置。

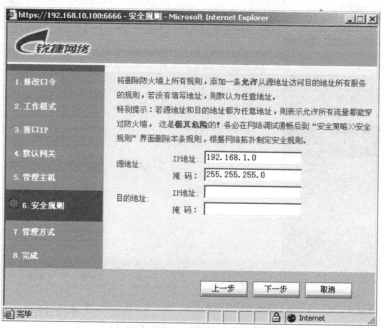

图 22-20　防火墙安全规则

第九步：初始化向导 7——管理方式

初始化向导的第 7 步是设置管理防火墙的方式，如图 22-21 所示，这里可以选择三种方式：使用串口连接 Console 接口进行命令行管理；使用 Web 的 HTTPS 方式，即我们现在登录的方式；使用 SSH 加密连接进行命令行管理。

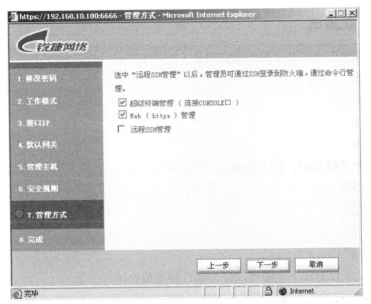

图 22-21　防火墙管理方式

第十步：初始化向导 8——完成向导

初始化向导的第 8 步是完成向导的配置，此时页面会显示之前步骤配置的结果，单击<完成>按钮，如图 22-22 所示。

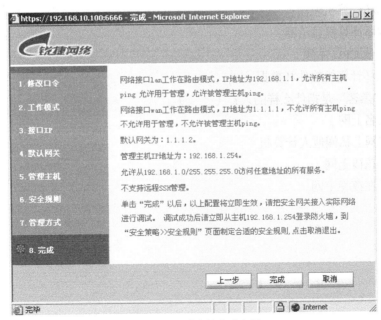

图 22-22　防火墙完成向导

知识拓展

本单元模块主要介绍校园网的出口防火墙知识。和小组同学讨论，以及在网络上使用查找资料，了解区别防火墙设备技术等级以及决定其价格要素的技术指标和参数有哪些。

认证测试

1. 不属于硬件防火墙基本配置端口的是（　　）。

   A. WAN

   B. LAN

   C. DMZ

   D. ISDN

2. 在 OSI 参考模型中，防火墙通常工作在（　　）。

   A. 表示层

   B. 物理层

   C. 会话层

   D. 网络层

3. 防火墙从工作方式上主要可以分为哪几种类型？（　　）

   A. 简单包过滤防火墙、状态检测包过滤防火墙、应用代理防火墙

   B. 普通防火墙、高级防火墙

   C. 软件防火墙、硬件防火墙

   D. 内部防火墙、外部防火墙

4. 计算机病毒主要危害是（　　）。

   A. 损坏计算机硬盘

   B. 破坏计算机显示器

   C. 降低 CPU 主频

   D. 破坏计算机软件和数据

5. 网络"黑客"是指什么样的人？（　　）

   A. 匿名上网

   B. 在网上私闯他人计算机

   C. 不花钱上网

   D. 总在夜晚上网

PART 23

任务 23
配置防火墙设备，实现安全网站访问过滤

一、任务描述

浙江科技工程学校在改造网络中心的网络时，为了实现学校内部网络接入外部互联网，使用高功效的路由器设备充当外网接入设备，实现校园网中接入互联网，实现不同网络之间互相通信。

但学校在校园网络管理的过程中发现，经常有来自互联网上的未名攻击数据，侵入学校网络。为了防范来自互联网的攻击事件发生，保护学校校园网络安全，学校决定购买一台防火墙设备，安装在校园网的出口处，保障校园网络安全。

二、任务分析

防火墙是一个位于内部网络与 Internet 之间的网络安全系统，防火墙最基本形式是检查每一个通过的网络包，或者丢弃，或者放行。包过滤防火墙检查每一个传入包，查看包中可用的基本信息（源地址和目的地址、端口号、协议等），然后，将这些信息与设立的规则相比较，如果规则允许通过，则放行，如果规则拒绝通过，则阻断。

三、知识准备

23.1　防火墙的包过滤功能

早期的防火墙和最基本形式的防火墙检查每一个通过的网络包，或者丢弃，或者放行，取决于所建立的一套规则。这称为包过滤防火墙。

本质上，包过滤防火墙是多址的，表明它有两个或两个以上网络适配器或接口。例如，作为防火墙的设备可能有两块网卡（NIC），一块连到内部网络，一块连到公共的 Internet。防火墙的任务，就是作为"通信警察"，指引包的正确走向和截住那些有危害的包。

包过滤防火墙检查每一个传入包，查看包中可用的基本信息（源地址和目的地址、端口号、协议等），然后，将这些信息与设立的规则相比较，如果规则允许通过，则放行，如果规

则拒绝通过，则阻断。例如，已经设立了阻断 telnet 连接的规则，而包的目的端口是 23 的话，那么该包就会被丢弃。如果允许传入 Web 连接，而目的端口为 80，则包就会被放行。

多个复杂规则的组合也是可行的。如果允许 Web 连接，但只针对特定的服务器，目的端口和目的地址二者必须与规则相匹配，才可以让该包通过。

最后，可以确定当一个包到达时，如果对该包没有规则被定义，通常，为了安全起见，与传入规则不匹配的包就被丢弃了。因此如果有理由让该包通过，就要建立规则来处理它。包过滤防火墙要遵循的一条基本原则是"最小特权原则"，即明确允许那些管理员希望通过的数据包，禁止其他的数据包，如图 23-1 所示。

图 23-1 包过滤防火墙

这样的包过滤技术，其实和我们前面讨论过的路由器上的访问控制列表是一致的。一般情况下，防火墙的包过滤规则可以这样建立。

- 对来自网络的包，如果其源地址为内部地址，则可以通过。这条规则可以防止网络内部任何人通过欺骗性源地址发起攻击。而黑客对网络内部的机器具有了不知从何得来的访问权，这种过滤方式可以阻止黑客从网络内部发起攻击。
- 在公共网络，只允许目的地址为特定服务端口——例如 80 端口的包通过，这条规则只允许传入的连接为 Web 连接，不过这条规则也允许了使用 80 端口的其他连接，所以并不是十分安全。
- 丢弃从公共网络传入，但却具有内网地址为源地址数据包，减少 IP 欺骗性攻击。
- 丢弃包含源路由信息的包，以减少源路由攻击。因为在源路由攻击中，传入的包具有路由信息，导致这个数据包不会采取通过网络应采取的正常路由，可能会绕过已有的安全程序。通过忽略源路由信息，防火墙可以减少这种方式的攻击。

23.2　防火墙的包过滤优点

防火墙的包过滤技术的优点包括如下四点。

- 防火墙对每个进入和离开网络的包实行低水平控制。
- 每个 IP 包的字段都被检查，例如源地址、目的地址、协议、端口等。防火墙将基于这些信息应用过滤规则。
- 防火墙可以识别和丢弃带欺骗性源 IP 地址的包。

- 包过滤防火墙是两个网络之间访问的唯一通道。因为所有的通信必须通过防火墙，绕过是困难的。

包过滤通常被包含在路由器数据包中，所以不必使用额外的系统来处理这个特征。 包过滤技术的缺点包括如下三点。

- 配置困难。因为包过滤防火墙很复杂，人们经常会忽略建立一些必要的规则，或者错误配置了已有的规则，在防火墙上留下漏洞。然而，在市场上，许多新版本的防火墙对这个缺点正在做改进，如开发者实现了基于图形化用户界面（GUI）的配置和更直接的规则定义。
- 为特定服务开放端口存在着危险，可能会被用于其他传输。如 Web 服务器默认端口为 80，而计算机上又安装 RealPlayer，那么它会搜寻可以允许连接到 RealAudio 服务器端口，而不管这个端口是否被其他协议所使用，RealPlayer 正好是使用 80 端口而搜寻的。就这样无意中，RealPlayer 就利用了 Web 服务器的端口。
- 可能还有其他方法绕过防火墙进入网络，例如拨入连接。但这个并不是防火墙自身的缺点，而是不应该在网络安全上单纯依赖防火墙的原因。

23.3 在网络中部署防火墙

当一个网络决定采用防火墙来保卫自己的安全之后，下一步要做的事情就是选择一个安全、实惠、合适的防火墙，然后在防火墙上设置特定的安全策略。

在构筑防火墙保护网络之前，需要制定一套完整有效的安全策略。安全策略也称为访问上的控制策略。它包含访问上的控制以及组织内其他资源使用规定。访问控制包含哪些资源可以被访问，如读取、删除、下载等行为的规范，以及哪些人拥有这些权力等信息。

一般这种安全策略分为两个层次：网络服务访问策略和防火墙设计策略。

1．网络服务访问策略

网络服务访问策略是一种高层次的、具体到事件的策略，主要用于定义在网络中允许的或禁止的网络服务，还包括对拨号访问以及 PPP 连接的限制。这是因为对一种网络服务的限制可能会促使用户使用其他的方法，所以其他的途径也应受到保护。比如，如果一台防火墙阻止用户使用 Telnet 服务访问因特网，一些人可能会使用拨号连接来获得这些服务，这样就可能会使网络受到攻击。

网络服务访问策略不但应该是一个站点安全策略的延伸，而且对于机构内部资源的保护也起全局的作用。这种策略可能包括许多事情，从文件切碎条例到病毒扫描程序，从远程访问到移动存储介质的管理。

一般情况下，一台防火墙执行两个通用网络服务访问策略中的一个：允许从内部站点访问 Internet 而不允许从 Internet 访问内部站点；只允许从 Internet 访问特定的系统，例如 Web 服务器和电子邮件服务器。合理的网络服务访问策略应当在降低网络风险和为网络的使用者提供合理的网络资源之间做出平衡，以避免因网络使用者的抵制而形同虚设。

2．防火墙的设计策略

防火墙的设计策略是具体地针对防火墙，负责制定相应的规章制度来实施网络服务访问策略。在制定这种策略之前，必须了解这种防火墙的性能以及缺陷，TCP/IP 自身所具有的易攻击性和危险。像前面所提到的那样，防火墙一般执行以下两种基本设计策略中的一种：

● 除非明确不允许，否则允许某种服务；

● 除非明确允许，否则将禁止某项服务。

执行第一种策略的防火墙在默认情况下允许所有的服务，除非管理员对某种服务明确表示禁止。执行第二种策略的防火墙在默认情况下禁止所有的服务，除非管理员对某种服务明确表示允许。第二种策略更加严格、更加安全，但有些服务如 X Window、FTP、Archie 和 RPC 是很难过滤的，这时需要管理员执行第一种策略。

防火墙可以实施一种宽松的策略（第一种），也可以实施一种限制性策略（第二种），这就是制定防火墙策略的入手点。总而言之，防火墙是否适合取决于安全性和灵活性的要求，所以在实施防火墙之前，考虑一下策略是至关重要的。

3．需要考虑的问题

为了确定防火墙安全设计策略，进而构建实现预期安全策略的防火墙，应从最安全的防火墙设计策略开始，即除非明确允许，否则禁止某种服务。策略的制定者应该解决以下问题：

● 需要什么服务，如 Telnet、WWW 或 NFS 等；

● 在那里使用这些服务，如本地、穿越 Internet、从家里或远方的办公机构等；

● 是否应当支持拨号入网和加密等服务；

● 提供这些服务的风险是什么；

● 若提供这种保护，可能会导致网络使用上的不方便等负面影响，这些影响会有多大，是否值得付出这种代价；

● 与可用性相比，站点的安全性放在什么位置。

这些问题在实施防火墙中非常重要，会影响到防火墙策略的制定，因此需要明确的回答。同时，策略制定者为了正确回答这些问题，需要了解各种 Internet 服务的特点，以决定允许哪些服务。

不过即使有了防火墙，也不能放松对站点管理。事实上，如果一台防火墙被突破，一个管理不善的站点会倍受侵扰并遭受更严重损失。一台防火墙的存在，并不意味着可以减少对高素质管理的需求。一台防火墙可以让一个站点在系统维护上处于主动的位置，因为防火墙提供了一种屏障，所以人们就可以在系统维护上花更多的时间，而不是把大部分时间花在事故的处理上。在防火墙的维护中应做以下工作：

● 标准化操作系统的版本和软件，以便安装补丁程序和安全修补程序；

● 应在全站点内开展有效的新程序和补丁程序的安装活动；

● 使用各种服务来帮助管理系统，如果一些服务可以带来更好的管理和更好的安全，那么使用这些服务；

- 对主机系统进行周期性的扫描检查，以发现配置上的错误和弱点，及时改正；
- 确保系统管理员和安全管理员可以及时地通信，对站点的安全问题做出警告。

23.4 防火墙选购注意事项

现在市场上有大量的防火墙产品，例如 CheckPoint 公司的 Power-1、Cisco 公司的 PIX 系列防火墙、Juniper 公司的 NetScreen 系列防火墙、天融信公司的猎豹系列防火墙、锐捷公司的 RG-WALL 系列防火墙等。而每一类防火墙都有它的独特的功能特点和技术个性，有时很难选择，不过一般说来，防火墙选型时的基本原则有如下几点：

- 明确自己的安全和功能需求，从而决定所期望的防火墙产品的安全性、功能和性能；
- 明确在防火墙上的投资范围和标准，以此来衡量防火墙的性价比；
- 在相同的基准和条件下，比较不同防火墙的各项指标和参数；
- 综合考虑网络管理人员的经验、能力和技术素质，考察防火墙产品的管理和维护的手段和方式；
- 根据实际应用的需求，了解防火墙的附加功能以及日常维护的手段和策略。

考虑了以上的基本因素后，针对自己的具体要求，选择合适于自己环境和需求的防火墙产品。下面介绍一些选购防火墙的具体参考标准。

1．防火墙自身是否安全

作为一种安全设备，防火墙本身必须保证安全，不给外部入侵者可乘之机。安全性主要表现在：是否基于安全的操作系统？是否采用专用的硬件平台？如果是采用商用操作系统的防火墙，则用户必须花大量的时间来加固防火墙运行的操作系统的安全性，在投入运行后，时刻关注新的补丁的出现并及时加固，这样对用户的管理人员要求就比较高。而对于基于专用硬件和操作系统的防火墙，操作系统是专门为防火墙而设计的，这一类的防火墙的安全性只和管理有关系。

2．防火墙的性能

防火墙产品应当具有优良的整体性能，才能够更好地保护防火墙的内部网络的安全。防火墙的性能包含以下几个方面的指标。

- 防火墙的并发连接数：和同时访问的用户数有关。
- 防火墙的包速率：每秒包转发速率与包的大小有关系。
- 防火墙的转发速率：每秒通信的吞吐量。
- 防火墙的时延：由于防火墙带来的通信时延。

防火墙的性能衡量的基准是与没有防火墙时的网络的性能进行比较，即直接连接通信时的比较。还有一类防火墙的性能指标是防火墙背靠背，防火墙背靠背是指从空闲状态开始，以达到传输介质最小合法间隔极限的传输速率，发送一定数量固定长度的帧，当出现第一个帧丢失时所发送的帧数。背靠背测试的结果能反映出防火墙的缓冲容量，网络上经常有一些应用会产生大量的突发数据包（如备份、路由更新等），如果丢失了这样的数据包会产生更多的数据包，而强大的缓冲能力可以减小这种突发流量对网络造成的影响。

影响防火墙系统的性能的因素有：

- 防火墙的类型与型号；
- 防火墙所运行的硬件环境；
- 防火墙的安全策略；
- 防火墙的附加功能。

对于基于商用操作系统的防火墙产品来说，其性能直接与运行的硬件平台和操作系统有关系，例如 CPU 数量、主频，内存、硬盘等；对于基于硬件的防火墙系统，性能与所选用的型号和部署的安全策略有关。

3．防火墙的稳定性

对于一个成熟的产品来说，系统的稳定性是最基本的要求。如果防火墙尚未最后定型或经过严格的大量测试就被推向了市场，它的稳定性就很难保证。可以从以下几个渠道获得关于防火墙稳定性的资料。

- 国家权威的测评认证机构，如公安部计算机安全产品检测中心和中国国家信息安全测评认证中心。
- 与其他产品相比，是否获得更多的国家权威机构的认证、推荐和入网证明（书）。
- 其他用户的反馈评价，考察这种防火墙是否已经有了使用单位，其用户量也至关重要，特别是用户们对于该防火墙的评价。

除此之外，还可以通过自己对防火墙进行测试和试用来考察防火墙的稳定性。

4．总体拥有成本

防火墙产品作为网络系统的安全屏障，其总拥有成本不应该超过受保护网络系统可能遭受最大损失的成本。以一个非关键部门的网络系统为例，如果其系统中的所有信息及所支持应用的总价值为十万元，那么该部门所配备的防火墙的总成本也不应该超过十万元。当然，对于关键部门来说，其所造成的负面影响和连带损失也应考虑在内，所以另当别论。

 四、任务实施

23.5　综合实训：配置防火墙设备，实现 URL 访问过滤

【网络场景】

如图 23-2 所示的网络场景，是浙江科技工程学校购买了锐捷的一台 RG-WALL 60 防火墙，保障校园网络安全场景。

安装完成的防火墙设备运行一段时间后，最近网络中心管理员发现，一些多媒体机房的学生，在上课时间期间，经常访问一些娱乐网站（如 www.sohu.com）、视频网站、游戏网站……影响了正常教学。现在学校希望学校教师可以使用互联网实现全部访问功能。

但学生在上课期间，只能实现部分访问互联网功能，如 QQ 通信，但在上课时间不能访问娱乐、游戏、股票、视频等网站，以下以在防火墙上禁止搜狐网站（www.sohu.com）为例，配置防火墙禁止学生在多媒体机房访问这些网络，实现 URL 过滤功能。

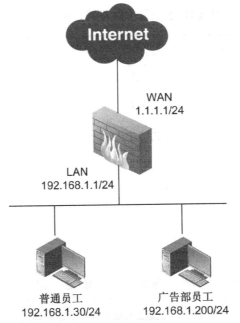

图 23-2 使用防火墙实现 URL 过滤

【设备清单】防火墙（1 台）；网线（若干根）；配置、测试 PC（2 台）。

【工作过程】

第一步：配置防火墙接口的 IP 地址

进入防火墙的配置页面：网络配置→接口 IP，单击<添加>按钮为接口添加 IP 地址。为防火墙的 LAN 接口配置 IP 地址及子网掩码，如图 23-3 所示。

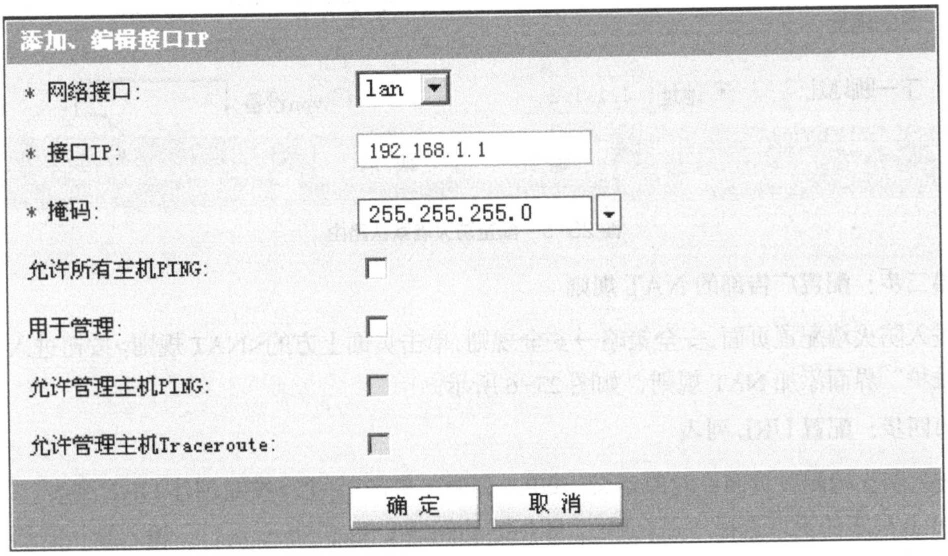

图 23-3 配置防火墙 LAN 接口 IP 地址

为防火墙的 WAN 接口配置 IP 地址及子网掩码，如图 23-4 所示。

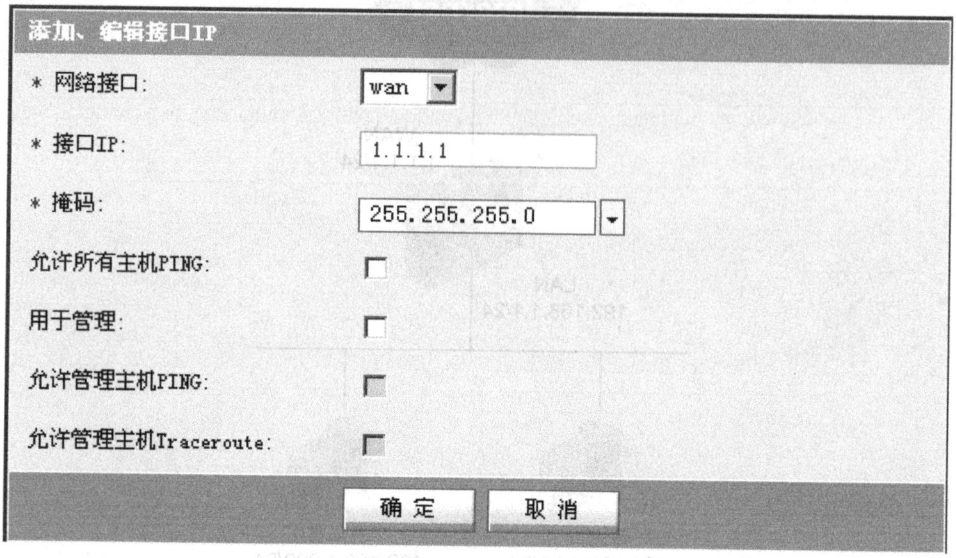

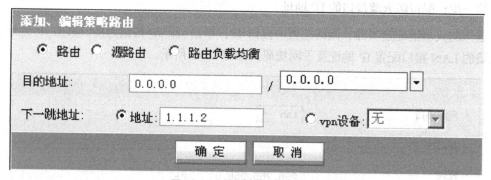

图 23-4　配置防火墙 WAN 接口 IP 地址

第二步：配置默认路由

进入防火墙的配置页面：网络配置→策略路由，单击<添加>按钮进入"添加，编辑策略路由"界面，添加一条到达 Internet 的默认路由，如图 23-5 所示。

图 23-5　配置防火墙默认路由

第三步：配置广告部的 NAT 规则

进入防火墙配置页面：安全策略→安全规则，单击页面上方的<NAT 规则>按钮进入"NAT规则维护"界面添加 NAT 规则，如图 23-6 所示。

第四步：配置 URL 列表

进入防火墙配置页面：对象定义→URL 列表，单击<添加>按钮创建 URL 列表。

URL 列表的类型选择"黑名单"，即拒绝访问该 URL；"http 端口"输入默认的端口 80；在"添加关键字"中输入 URL 的关键字，如图 23-7 所示。

第五步：配置普通员工的 NAT 规则

进入防火墙配置页面：安全策略→安全规则，单击页面上方的<NAT 规则>按钮进入"NAT

规则维护"界面添加 NAT 规则。在 NAT 规则的"URL 过滤"下拉框中选择刚才创建 URL 列表，如图 23-8 所示。

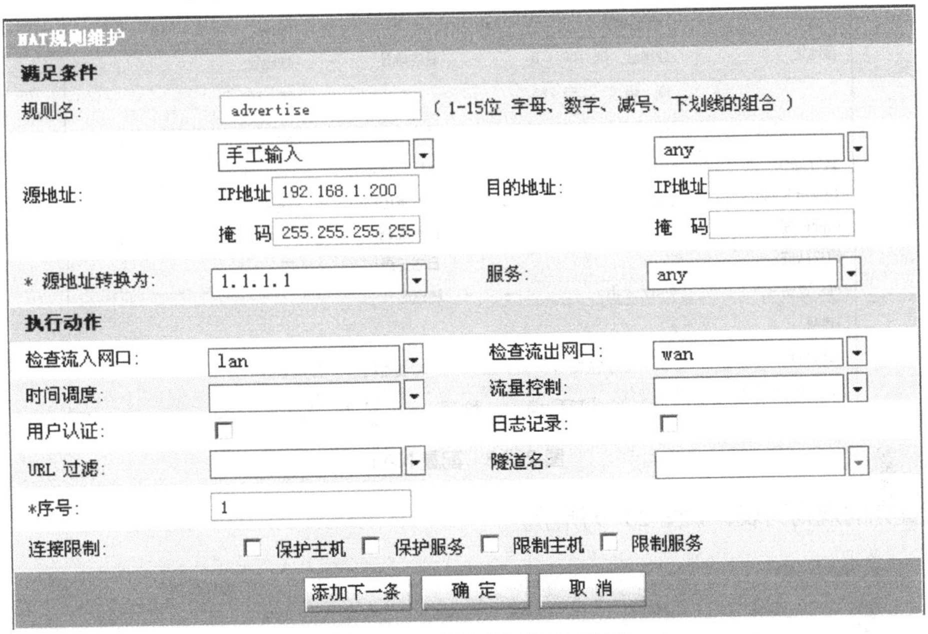

NAT规则维护

满足条件

规则名： `advertise` （1-15位 字母、数字、减号、下划线的组合）

源地址：
手工输入 ▼　　　　　　　　　　目的地址： any ▼
IP地址 `192.168.1.200`　　　　　IP地址 _____
掩　码 `255.255.255.255`　　　　掩　码 _____

* 源地址转换为： `1.1.1.1` ▼　　　服务： any ▼

执行动作

检查流入网口： `lan` ▼　　　　　检查流出网口： `wan` ▼
时间调度： _____ ▼　　　　　流量控制： _____ ▼
用户认证： ☐　　　　　　　　　　日志记录： ☐
URL 过滤： _____ ▼　　　　　隧道名： _____ ▼
*序号： `1`

连接限制：　☐ 保护主机　☐ 保护服务　☐ 限制主机　☐ 限制服务

[添加下一条]　[确　定]　[取　消]

图 23-6　配置防火墙 NAT 规则

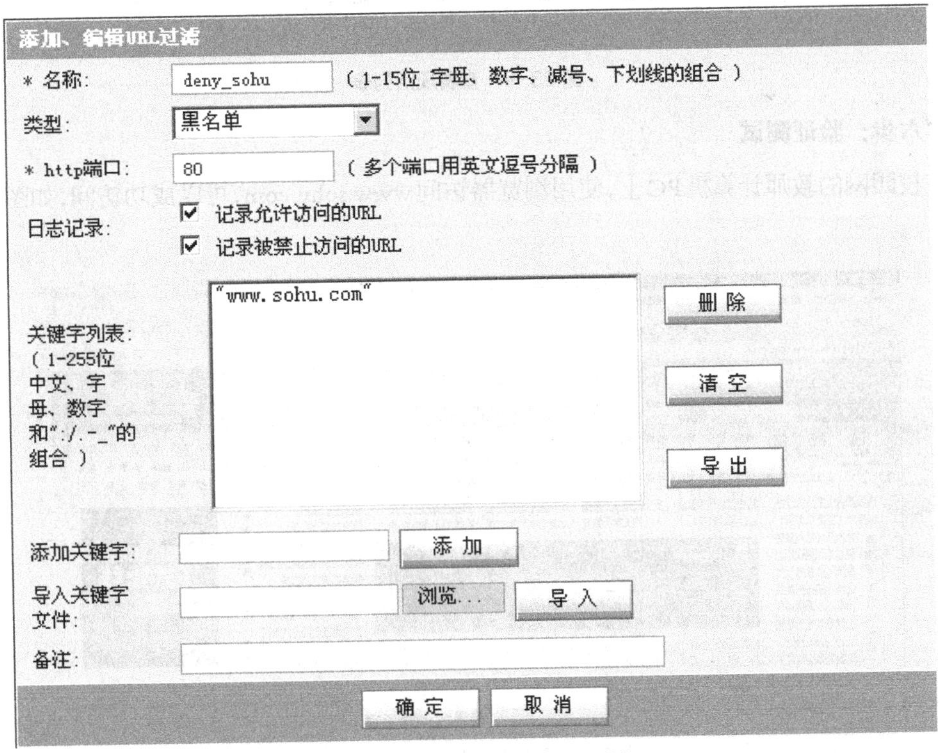

添加、编辑URL过滤

* 名称： `deny_sohu` （1-15位 字母、数字、减号、下划线的组合）

类型： 黑名单 ▼

* http端口： `80` （多个端口用英文逗号分隔）

日志记录：　☑ 记录允许访问的URL
　　　　　　☑ 记录被禁止访问的URL

关键字列表：
（1-255位
中文、字
母、数字
和"：/.-_"的
组合）

`"www.sohu.com"`

[删 除]
[清 空]
[导 出]

添加关键字： _____ [添 加]
导入关键字
文件： _____ [浏览...] [导 入]
备注： _____

[确 定]　[取 消]

图 23-7　添加、编辑 URL 过滤

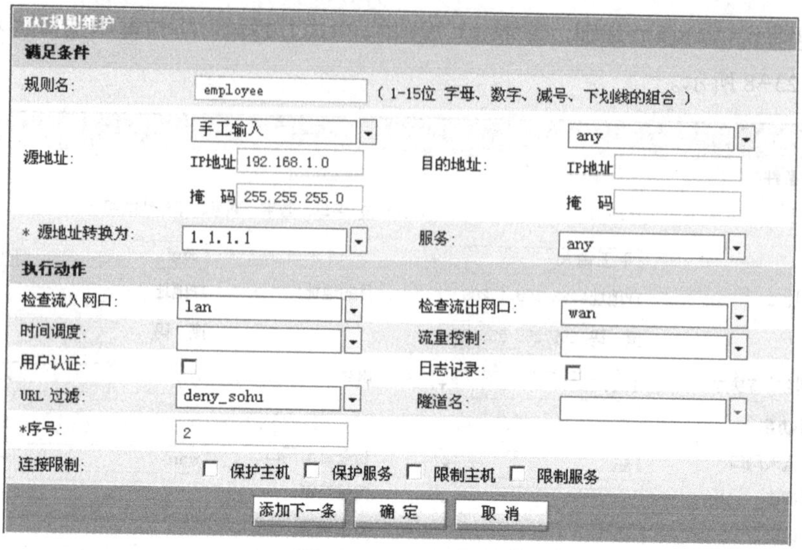

图 23-8　配置 NAT

配置完的规则列表，如图 23-9 所示。

图 23-9　查看规则列表

第六步：验证测试

在校园网的教师计算机 PC 上，使用浏览器访问 www.sohu.com，可以成功访问，如图 23-10 所示。

图 23-10　验证测试（1）

在多媒体机房学生计算机 PC 上使用浏览器访问 www.sohu.com，无法打开网页，因为防火墙已经将去往 www.sohu.com 的请求阻断，如图 23-11 所示。

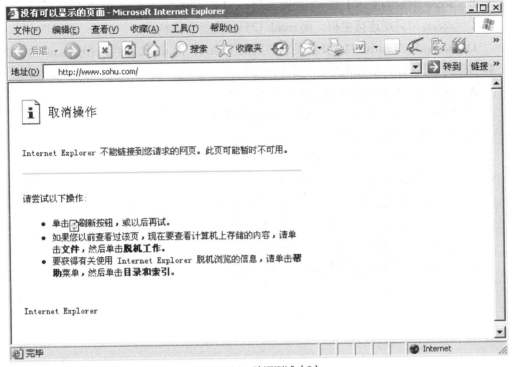

图 23-11　验证测试（2）

 知识拓展

本单元模块主要介绍防火墙产品基本的配置技术。不同厂商生产出来的防火墙产品，配置上有很大不同，在网络上使用"思科防火墙"、"思科防火墙配置"等不同关键字，寻找思科防火墙产品知识和技术，了解产品区别。

 认证测试

1. 配置单臂路由时需要做到的是哪两条？（　　　）

   A. 主接口需要先封装 802.1q

   B. 子接口需要先封装 802.1q

   C. 配置子接口的物理接口另一端必须连接交换机的 trunk 口

   D. 配置几个子接口就需要准备几根连线

2. 关于三层交换机 SVI 接口的描述，正确的有哪两项？（　　　）

   A. SVI 接口是虚拟的逻辑接口

   B. SVI 接口的真实的物理接口

   C. SVI 接口可以配置 IP 地址作为 VLAN 内主机的默认网关

   D. SVI 接口不可以使用 ACL

3. 以下陈述中，哪两项是交换机的 access 口和 trunk 口的区别？（　　　）

　　A. access 口只能属于一个 VLAN，而 trunk 口可以属于多个 VLAN

　　B. access 口只能发送不带 tag 的帧，而 trunk 口只能发送带 tag 的帧

　　C. access 口只能连接主机，而 trunk 口只能连接交换机

　　D. access 口的 nativeVLAN 就是它的所属 VLAN，而 trunk 口可以指定 nativeVLAN

4. 交换机端口安全可以解决以下哪个问题？（　　　）

　　A. 用户私自用路由器实现多主机共享上网

　　B. MAC 地址泛洪攻击造成 MAC 地址表溢出

　　C. 传统生成树收敛速度慢

　　D. 由于冗余链路造成的桥接环路

5. IP 访问控制列表分为（　　　）两类。

　　A. 标准访问控制列表和高级访问控制列表

　　B. 初级访问控制列表和扩展访问控制列表

　　C. 标准访问控制列表和扩展访问控制列表

　　D. 初级访问控制列表和高级访问控制列表

PART 24

任务 24
配置无线 AP 设备，组建家庭无线局域网环境

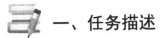 **一、任务描述**

浙江科技工程学校在实现数字化校园，重新改造校园网络中，需要实现全校网络之间互相通信。但学校有很多老的建筑物中，由于墙面都粉化严重没有方法再实施布线；此外，还有大的会议室，阶梯教室也都要实施布线，进行有线网络改造……为了实现全校园网络的互联互通，因此学校决定实施无线校园局域网技术改造，把这些无法通过有线技术接入的空间都通过无线局域网技术，接入到校园网中。

 二、任务分析

与繁琐的有线网络建设施工相比，无线网络布线则简单得多。无线网络利用无线电波，无线电信号可以穿越墙壁、屋顶甚至水泥结构建筑物，无需架设线缆，就可以发送和接收数据。如果存在多个无线网络的区域范围，使用无线接入设备互相连接，串接和扩展信号，可以进行多个无线局域网的互连互通。

 三、知识准备

24.1　什么是 WLAN

局域网络管理的主要工作之一就是铺设电缆，或是检查电缆是否断线这种耗时的工作，很容易令人烦躁，也不容易在短时间内找出断线所在。此外，由于配合企业及应用环境不断地更新与发展，原有的企业网络必须配合重新布局，需要重新安装网络线路。虽然电缆本身并不贵，可是请技术人员来配线的成本很高，尤其是老旧的大楼，配线工程费用就更高了。因此，架设无线局域网络就成为最佳解决方案。

无线局域网络（Wireless Local Area Networks，WLAN）是利用射频（Radio Frequency，RF）技术，取代旧式双绞铜线所构成局域网络，使得无线局域网络能利用简单的存取架构让用户透过它。

与繁琐的有线网络建设施工相比，无线网络布线则简单得多。无线网络利用无线电波，无线电信号可以穿越墙壁、屋顶甚至水泥结构建筑物，无需架设线缆，就可以发送和接收数据。如果存在多个无线网络的区域范围，使用无线接入设备互相连接，串接和扩展信号，可以进行多个无线局域网的互连互通，如图 24-1 所示。

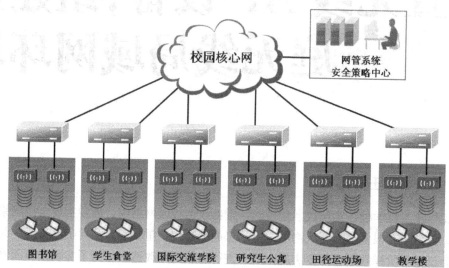

图 24-1　实施了无线局域网技术的校园网场景

在建筑物内布置多台接入设备，就可以建立覆盖整栋建筑的无线局域网，在大楼的任何一个位置，不用连线都可以自由地接入网络。无线网络中的计算机具有可移动性，能快速、方便地解决以往有线网络不易实现的网络连接问题。

24.2　WLAN 协议标准

基于 IEEE 802.11 标准的无线局域网，允许在局域网络环境中，使用可以不必授权的 ISM 频段中的 2.4GHz 或 5GHz 射频波段，进行无线连接。无线局域网技术被广泛应用，从家庭到企业再到 Internet 接入热点。

由于无线网络也是局域网的一种分类，和有线局域网一样，IEEE 也为无线局域网的通信，规划了一系列的通信标准。到目前为止，IEEE 组织正式发布的无线网络协议主要包括 IEEE 802.11、IEEE 802.11a、IEEE 802.11b、IEEE 802.11g，分别对应于不同的传输标准。

1. IEEE 802.11

IEEE 802.11 是 IEEE 在 1997 年制定的第一个无线局域网标准，主要用于解决办公网和校园网中用户与用户终端的无线接入。业务主要限于数据存取，速率最高只能达到 2Mbit/s。由于它在传输速率和传输距离上都不能满足人们的需要，因此 IEEE 又相继推出了 IEEE 802.11a 和 IEEE 802.11b 两个新标准。

2. IEEE 802.11b

IEEE 802.11b 标准是对 IEEE 802.11 的修正，IEEE 802.11b 标准传输速率提高到 11Mbit/s，与普通的 10Base-T 有线网持平。　802.11b 使用的是开放的 2.4GHz 频段，使用时无需申请，可直接作为有线网络的补充，又可独立组网，灵活性很强。

3. IEEE 802.11a

IEEE 802.11a 是 IEEE 802.11b 标准的修正，解决速度的问题，因此 IEEE 802.11a 使用 5.8GHz 频段传输信息，避开了微波、蓝牙以及大量工业设备广泛采用的 2.4GHz 频段，在数据传输过程中，干扰大为降低，抗干扰性强，因此传输速率提高到 54Mbit/s。

4. IEEE 802.11g

IEEE 802.11g 仍是使用开放的 2.4GHz 频段，以保证和目前现有的很多设备的兼容性。但它使用了改进的信号传输技术，在 2.4GHz 频段把速度提高到了 54Mbit/s 的高速传输。IEEE 802.11g 是目前被看好的无线网络标准，传输速率可以满足各种网络应用的需求。更重要的是，它还向下兼容 IEEE 802.11b 设备，但在抗干扰上仍不及 IEEE 802.11a。

5. IEEE 802.11n

802.11n 主要是结合物理层和 MAC 层的优化来充分提高 WLAN 技术的吞吐，将物理层吞吐提高到 600Mbit/s。在传输速率方面，802.11n 可以将 WLAN 的传输速率由目前 802.11a 及 802.11g 提供的 54Mbit/s，提高到 300Mbit/s 甚至高达 600Mbit/s。

在覆盖范围方面，802.11n 采用智能天线技术，通过多组独立天线组成的天线阵列，可以动态调整波束，保证让 WLAN 用户接收到稳定的信号，并可以减少其他信号的干扰。因此其覆盖范围可以扩大到好几平方公里，使 WLAN 移动性极大提高。

24.3 无线 AP 设备介绍

无线 AP 也称为无线网桥，如图 24-2 所示。无线 AP 的作用类似于有线以太网中的集线器，与集线器不同的是，无线 AP 与计算机之间的连接是通过无线信号方式实现。

无线 AP 是无线网和有线网之间沟通的桥梁，在无线 AP 覆盖范围内的无线工作站，通过无线 AP 进行相互之间的通信，图 24-3 所示是一种通过无线 AP 构建的无线网络的连接模式。

图 24-2 无线接入设备 AP

无线 AP 的覆盖范围是一个向外扩散的圆形区域，尽量把无线 AP 放置在无线网络的中心，而且各无线客户端与无线 AP 的直线距离最好不要太长，以避免因通信信号衰减过多，导致通信失败。

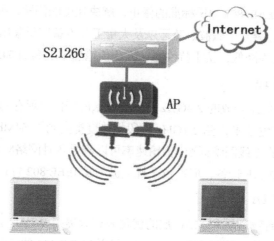

图 24-3　无线 AP 连接的无线局域网络

通常业界将 AP 分为胖 AP 和瘦 AP。

（1）胖 AP

胖 AP 普遍应用于 SOHO 家庭网络或小型无线局域网，有线网络入户后，可以部署胖 AP 进行室内覆盖，室内无线终端可以通过胖 AP 访问 Internet，如图 24-4 所示。

胖 AP 需要每台 AP 单独进行配置，无法进行集中配置，管理和维护比较复杂；不支持信道自动调整和发射功率自动调整；集安全、认证、等功能于一体，支持能力较弱，扩展能力不强。

胖 AP 的应用场合仅限于 SOHO 或小型无线网络，小规模无线部署时胖 AP 是不错的选择，但是对于大规模无线部署，如大型企业网无线应用、行业无线应用以及运营级无线网络，胖 AP 则无法支撑如此大规模部署。

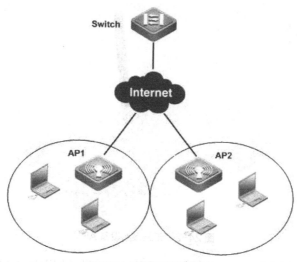

图 24-4　胖 AP 组网拓扑

（2）瘦 AP

瘦 AP 是指每台 AP 不需要进行单独配置，但需要无线控制器进行管理、调试和控制的 AP 设备。瘦 AP 构建了 WLAN 网络的组网模式，以无线交换机为核心+简单接入点（瘦 AP）的集中式管理架构，由于通过集中管理，减少了 AP 的管理工作量，因此瘦 AP 的工作模式，也成为未来的发展方向，如图 24-5 所示。

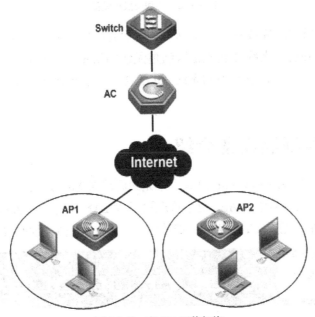

图 24-5　瘦 AP 网络架构

该架构通过集中管理、简化 AP 来解决这个问题。在这种构架中，无线交换机替代了原来二层交换机的位置，"瘦 AP"取代了原有的企业级 AP。通过这种方式，就可以在整个企业范围内把安全性、移动性、QoS 和其他特性集中起来管理。

24.4　无线交换机设备介绍

在无线交换机应用之前，WLAN 通过 AP 连接有线网络，使用安全软件、管理软件和其他数据来管理无线的网络。这种智能或者称为"胖 AP"很复杂，安装困难，而且价格昂贵。而且需要的 AP 越多，管理费用就越高，价格也越贵。

无线交换机是一种集中式的产品，它能够管理很多不具备智能或者称为"瘦 AP"。无线交换机最大的特征是有强大的无线数据处理能力，能够集中处理所关联 AP 上传的无线数据。其次，无线交换机还能实现真正的有线无线一体化，即通过一次配置，能够对无线端和有线端的数据转发同时生效，让用户的安全策略和 QoS 策略的设置更智能、更全面，同时也成倍提高了管理效率。和无线交换机配合使用的 AP 可以集中由无线交换机完成配置和管理，而 AP 本身实现了零配置，可以即插即用，如图 24-6 所示。

图 24-6　无线交换机设备

　　无线交换机能够快速完成一体化组网，具备优秀的扩展能力，将成为移动互联网时代组建园区网的主流设备。无线交换机是以组建无线网络见长，但需要注意的是，无线交换机本身并不具备无线功能，它必须和无线 AP 配合，才能组建成一个有优秀上网体验的无线网络。

24.5　无线控制器设备介绍

　　无线网控制器 AC（Access Control）是一个无线局域网络的核心，通过有线网络与 AP 相连，负责管理无线局域网络中的 AP，集中管理控制 WLAN 中的无线 AP 设备，对 AP 管理包括下发配置、修改相关配置参数、射频智能管理、接入安全控制，如图 24-7 所示。

图 24-7　无线网控制器 AC

　　传统的无线局域网络里面，没有集中管理的控制器设备，所有 AP 都通过交换机连接。每台 AP 单独负担 RF、通信、身份验证、加密等工作，因此需要对每一台 AP 进行独立配置，难以实现全局、统一管理和集中的 RF、接入和安全策略设置。

24.6　WLAN 组网模式

　　组建无线网络时，可供选择的方案主要有两种：一种是无中心无线 AP 结构的 Ad-hoc 网络模式，一种为有中心无线 AP 结构的 Infrastructure 网络模式。这两种组网方式，在无线网络规划中，都被广为应用，各有优缺点，各有不同应用场合。

1. Infrastructure：基础结构模式

　　这是目前最常见的无线网络架构，这种架构包含一个或者多个无线 AP，无线 AP 相当于有线网络中的集线器，如图 24-8 所示。

　　通过无线电波与无线终端连接，可以实现无线终端之间的通信。接入点再通过电缆连线与有线网络连接，从而构成无线网络与有线网络之间的通信。

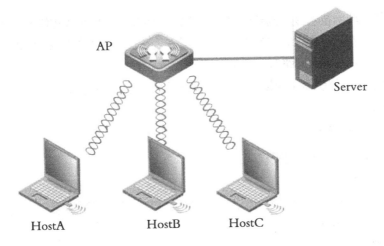

图 24-8　Infrastructure 基础结构模式

2．Ad-Hoc：对等模式

Ad-Hoc 无线组网方式，即常说的无线对等网模式，Ad-Hoc 组网模式利用多块无线网卡，自由组成一个网络。构成一种临时性的、松散的网络组织方式，实现点对点与点对多点设备的连接，如图 24-9 所示。

不过这种方式要求设备必须要配置有相同 SSID，而且处于同一信道，才能够建立相同的无线连接，这种模式不能直接连接外部网络。

图 24-9　Ad-Hoc 对等模式

四、任务实施

24.7　综合实训：配置无线控制器设备

【网络场景】

浙江科技工程学校在实施无线校园局域网技术改造中，把这些无法通过有线技术接入的空间都通过无线局域网技术接入到校园网中。为此，购买了一台无线控制器设备，以及几台无线交换机设备，通过配置无线控制器设备，管理安装在校园网内部的多台 AP 设备和无线交换机设备，简化无线局域网网络管理任务。

【设备清单】无线控制器（锐捷，1 台）；网线（若干根）；配置 PC（1 台）。

【工作过程】

1. 进入 AC 配置模式

执行如下命令，进入 AC 配置模式：

```
Ruijie(config)#
Ruijie(config)#ac-controller          ！进入 AC 命令模式
Ruijie(config-ac)#
```

2. 配置 AC 名称

缺省情况下，系统默认 AC 名称为 Ruijie_Ac_V0001。为方便用户在 WLAN 网络中识别、管理 AC，可以为各台 AC 指定名称。在 AC 配置模式下，配置如下命令：

```
Ruijie(config)#
Ruijie(config)#ac-controller
Ruijie(config-ac)#ac-name ac-name
                    ！配置 AC 名称，ac-name 为 AC 名称描述符
Ruijie(config-ac)#no ac-name           ！ 恢复至缺省配置。
Ruijie(config-ac)#exit


Ruijie(config)#show ac-config          ！查看配置的 AC 名称。
……
```

3. 配置 AC 位置信息

缺省情况下，系统默认 AC 位置信息为 Ruijie_COM，用户可以根据实际环境，为各台 AC 配置位置信息，方便用户在 WLAN 网络中定位查看 AC 接入位置。

在 AC 配置模式下，配置如下命令：

```
Ruijie(config)#
Ruijie(config)#ac-controller
Ruijie(config-ac)#location location
             ！配置 AC 位置，location 为 AC 位置描述符，最多可配置 255 个字符。
                            ！使用 no 命令，可以恢复至默认配置。


Ruijie(config)#show ac-config       ！查看 AC 的位置信息。
……
```

4. 配置网络射频工作频段

WLAN 网络默认允许无线设备工作在 2.4GHz 或 5GHz 频段下，用户可以配置允许或

禁止网络中无线设备的工作频段。具体配置如下：

```
Ruijie(config)#
Ruijie(config)#ac-controller
Ruijie(config-ac )# { 802.11a | 802.11b } network {disable | enable}
!配置网络射频工作频段，其中802.11a表示5GHz工作频段；802.11b表示2.4GHz的工作频段。

Ruijie(config)# show ac-config { 802.11a |802.11b }    ! 查看配置结果
……
```

需要注意的是：如果禁止无线设备工作在某频段下 ，将导致网络中连接在该频段下的无线用户离线。

5．配置AC可以连接的最大AP数

在WLAN网络中，一台AC可以关联多台AP。用户可以配置指定AC可关联的最大AP数。 配置命令如下：

```
Ruijie(config)#
Ruijie(config)#ac-controller
Ruijie(config-ac)#wtp-limit max-num
            ! 配置该AC可以连接的最大AP数，max-num是可连接的最大AP数。
                    ! WS5302系列的取值范围为1～64，默认值为8；
                    ! WS5708系列的取值范围为1～768，默认值为128。
Ruijie(config-ac)#no wtp-limit         ! 恢复至默认配置。

Ruijie(config)#show ac-config          ! 查看配置信息
……
```

6．配置AC可以连接的最大无线用户数

在WLAN网络中，一台AC可以关联多台AP，一台AP又可以连接多个无线用户数。用户可以配置指定AC的服务范围内最多可连接多少个无线用户数。

在AC配置模式下， 配置如下命令：

```
Ruijie(config)#
Ruijie(config)#ac-controller
Ruijie(config-ac)# sta-limit max-num
        ! 配置AC可以连接的最大无线用户数，max-num是可连接的最大无线用户数。
                        ! WS5302系列的取值范围为1～24000，默认值为2048。
                        ! W5708系列的取值范围为1～196608，默认值为32768。
Ruijie(config-ac)#no sta-limit      ! 恢复至默认配置。
Ruijie(config)#show ac-config          ! 查看配置信息
……
```

7. 配置删除指定无线用户

如果管理员在非法用户已加入 AC 后才配置用户黑名单，则黑名单过滤策略对该用户无效。管理员可以在 AC 配置模式下，删除指定无线用户的 MAC 地址，配置如下命令：

```
Ruijic(config)#
Ruijie(config)#ac-controller
Ruijie(config-ac)# client-kick sta-mac
                    ! 删除指定无线用户, sta-mac 是无线用户的 mac 地址
```

如删除 MAC 地址为"aaaa.bbbb.cccc"的无线用户，配置如下命令为：

```
Ruijie(config)#
Ruijie(config)# ac-controller
Ruijie(config-ac)#client-kick aaaaa.bbbbb.ccccc
```

8. 配置 AP 复位

用户可以在 AC 配置模式下，对特定的 AP 进行复位，配置如下命令：

```
Ruijie(config)#
Ruijie(config)#ac-controller
Ruijie(config-ac )# reset all                ! 复位所有的 AP

Ruijie(config-ac )#reset updated             !复位所有更新过软件版本的 AP

Ruijie(config-ac )#reset single ap-name
                        ! 复位指定的 AP, ap-name 是指定某个 AP 名称。
```

9. 配置 WLAN 中 AP 设备

（1）配置 AP 复位

用户可以在 AC 配置模式下，对特定的 AP 进行复位，配置如下命令：

```
Ruijie(config)#
Ruijie(config)# ap-config ap-name
                        ! 进入指定 AP 的配置模式, ap-name 是指定 AP 的名称。
```

用户可以通过命令 ap-config all 命令进入所有 AP 的配置模式 ，在该模式下的配置将会对与本 AC 关联的所有 AP 生效。

（2）配置 AP 的名称

一旦 AP 与 AC 关联 ，AC 默认以 AP 的 MAC 地址作为该 AP 的名称。为方便用户识别管理，可以自行为 AP 重新命名，执行如下命令：

```
Ruijie(config)#
Ruijie(config)#ap-config  ap-name        ! 进入指定 AP 的配置模式
Ruijie(config-ap)#ap-name name
```

```
                    ！配置 AP 的名称，name 是配置 AP 的名称描述符，不能带空格。
Ruijie(config-ap)#exit
```

```
Ruijie(config)#show ap-config inventory ap-name
……        ！查看指定 AP 的名称。
```

（3）配置指定 AP 的频段

目前 AP 可支持 2.4GHz 和 5GHz 两个频段的射频传输，用户可以指定 AP 的射频支持的频段，执行如下命令：

```
Ruijie(config)#
Ruijie(config)#ap-config ap-name    ！进入指定 AP 的配置模式
Ruijie(config-ap)#radio-type radio-id { 802.11a |802.11b }
                        ！配置指定 AP 的 Radio 频段，radio-id 是指定射频号；
                                        ！802.11a 支持 5GHz 的频段；
                                        ！802.11b：支持  2.4GHz 的频段。

    ！缺省情况下，单频 AP（即 Radio 1）支持 2.4GHz 频段，双频 AP 的 Radio1 支持 2.4GHz，
Radio 2 支持 5GHz。
Ruijie(config)#show ap-config radio radio-id
……                    ！status ap-name   查看指定 AP 指定 radio 的配置信息。
```

（4）配置指定 AP 可连接最大无线用户数

在 WLAN 网络中，一台 AP 可连接多个无线用户数，管理员可以配置指定 AP 可连接的最大用户数，执行命令如下：

```
Ruijie(config)#
Ruijie(config)#ap-config ap-name    ！进入指定 AP 的配置模式
Ruijie(config-ap)#sta-limit max-num
    ！配置指定 AP 可连接的最大用户数。max-num 是支持最大用户数，取值范围：1~32，默认值为
32。
Ruijie(config-ap)#no sta-limit                ！使用 no 命令恢复至缺省值。
```

```
Ruijie(config)#show ap-config cb ap-name
……    ！查看指定 AP 的状态信息
```

 知识拓展

本单元模块主要介绍无线局域网环境中组建无线局域网基础技术和设备。在网络上查找资料，对比无线交换机和无线控制器二种设备的异同点。在网络上查找资料，对比无线交换机和无线 AP 设备的异同点。

认证测试

1. 无线局域网常用的传输协议有哪些？（　　　）
   A. 802.11b
   B. 802.11c
   C. 802.11e
   D. 802.11g

2. 双路双频三模中的三模是指（　　　）。
   A. IEEE 802.11a
   B. IEEE 802.11g
   C. IEEE 802.11e
   D. IEEE 802.11b

3. 无线网络中使用的通信原理是（　　　）。
   A. CSMA
   B. CSMA/CD
   C. CSMA
   D. CSMA/CA

4. 无线接入设备 AP 是互联无线工作站的设备，其功能相当于有有线互联设备（　　　）。
   A. HUB
   B. Bridge
   C. Switch
   D. Router

5. 组建 Infrastructure 模式的无线网络（　　　）。
   A. 只需要无线网卡
   B. 需要无线网卡和无线接入 AP
   C. 需要无线网卡、无线接入 AP 和交换机
   D. 需要无线网卡、无线接入 AP 和 Utility